U0946590

季羡林
的哲学人生

季羡林先生为人所敬仰，不仅因为他的学识，还因为他的品格。钟敬文说：“文学的最高境界是朴素，季先生的作品就达到了这个境界。他朴素，是因为他真诚。”即使在最困难的时候，季羡林也没有丢掉自己的良知。他和他的书，不仅是老先生个人一生的写照，也是近百年来中国知识分子历程的反映。

跟随季老感受生命、体悟人生，收获内心安宁平静的力量。季羡林先生对于人生价值说得十分透彻：“能为国家、为人民、为他人着想而遏制自己的本性的，就是有道德的人。能够百分之六十为他人着想，百分之四十为自己着想，就是一个及格的好人。”本书是为让大家更好地理解季羡林的思想，了解他的为人处世之道所编写的，书中收录了其八大处世哲学思想，包括“天人合一，内外兼修”“道德文章，为国楷模”“勤于耕耘，不问收获”“畅意抒怀，天高地阔”“情满胸怀，重义人生”等。

李世化◎著

季羡林的哲学人生

企业管理出版社

ENTERPRISE MANAGEMENT PUBLISHING HOUSE

图书在版编目（CIP）数据

季羡林的哲学人生/李世化著. --北京：企业管理出版社，2014.7

ISBN 978-7-5164-0844-5

Ⅰ.①季… Ⅱ.①李… Ⅲ.①季羡林(1911~2009)-人生哲学-通俗读物 Ⅳ.①B821-49

中国版本图书馆CIP数据核字(2014)第110058号

书　　名:季羡林的哲学人生
作　　者:李世化
责任编辑:杨苏敏
书　　号:ISBN 978-7-5164-0844-5
出版发行:企业管理出版社
地　　址:北京市海淀区紫竹院南路17号　　邮编:100048
网　　址:http://www.emph.cn
电　　话:总编室 68701719　　发行部 68467871　　编辑部 68701408
电子信箱:80147@sina.com　zbs@emph.cn
印　　刷:天津冠豪恒胜业印刷有限公司
经　　销:新华书店
规　　格:170×240毫米　16开本　16印张　230千字
版　　次:2014年7月第1版　2019年3月第2次印刷
定　　价:45.00元

前言

季羡林先生是我国当代学界的泰斗，他不仅精通多国语言，在古文字学领域作出了卓越的贡献，而且对中国传统文化也颇有研究。这位学贯中西著作等身的世纪老人，早在学生时代就发表过许多富含人生哲理的散文作品，伴随着日后的风风雨雨，知识和阅历不断增长，在学术研究之余，他始终坚持用散文这种文学样式抒发自己对人生的思考、对生活的感悟，积累到现在已经有10余部、150多万字的散文作品。

目前，季羡林研究已经成为学界研究的一个热点，在学术界产生了广泛的影响。与此同时，季羡林在普通老百姓中也颇有“人缘”，人们争相购买他的著作，以至于使得许多所谓的“畅销书”都相形见绌。既能得到学人的赞同，又被读者广泛接受，这种现象在人类越来越物质化的今天，是比较罕见的。当然，任何事情都是有原因的。季羡林以近百年的人生厚度，用深入浅出的手法，道出了许多人“只能意会，不能言传”的处世哲学，所以他受到人们的广泛关注也是理所应当的。季羡林先生在作品中提出了许多看似老生常谈，实则别有新意的处世主张。比如，他提出了“不完满才是人生”的观点。季羡林认为，每个人都希望得到一个完满的人生，但是从古至今，海内海外，根本从来都没有一个百分之百完满的人生，所以那种一味追求完美的人是盲目的。

另外，季老对善恶的区分也令人耳目一新，他说：“自己生存，也让别的人或动物生存，这就是善。只考虑自己生存，不考虑别人生存，这就是恶。”他不认为“好人”就是一味地帮助别人，丝毫不考虑自己，“能够百分之六十为他人着想，百分之四十为自己着想，就是一个及格的好人。”季羡林是一个重情重义的人，他对友谊、爱情、家庭有着自己独到的见解。他说：“任何人的一生都是一场博斗。在这一场搏斗中，如果没有朋友，则形单影只，鲜有不失败者。如果有了朋友，则众人志城，鲜有不胜利者”。“世人对爱情的态度可以笼统分为两大流派：一派是现实主义，一派是理想主义”……

除此之外，季羡林还对长寿养生、事业成功、立德修身、天人合一等多个方面发表了自己独到而深刻的看法。我们在大量研读其作品的基础之上，结合生活中的一些实例和自己的感悟，编写了这本《季羡林的处世哲学》，希望能让大家更好地理解季羡林的思想，了解他的为人处世之道，从而在阅读其作品的时候有所裨益。

目录

PREFACE

第一章　天人合一，内外兼修——安身立命的处世之道

1. 待人须宽厚 …………………………………………………………（2）
2. 交际人生的法宝——赞美 ……………………………………………（7）
3. 自我反省的人是智者 …………………………………………………（11）
4. 满招损，谦一定受益 …………………………………………………（15）
5. "有为"与"有不为" ……………………………………………………（19）
6. 正确面对压力 ……………………………………………………（22）
7. 做事情要"三思而行" …………………………………………………（27）
8. 要具备谦逊的品格 ……………………………………………………（30）

第二章　道德文章，为国楷模——修身立德之道

1. 以德立身 ………………………………………………………………（34）
2. 慈善是道德积累的开端 ………………………………………………（38）
3. 人生的目标 ……………………………………………………………（42）

4. 一个人要有骨头 …………………………………………………………………… (46)
5. 学会做人 ………………………………………………………………………………… (49)
6. 从现在开始,行动起来………………………………………………………………… (52)
7. 做人要懂礼貌 ………………………………………………………………………… (56)
8. 摒弃诱惑,做人要保持晚节………………………………………………………… (60)

第三章　勤于耕耘,不问收获——获得成功的法则

1. 勤奋是通向成功的捷径 ……………………………………………………………… (66)
2. 热情是成功的原动力 ………………………………………………………………… (69)
3. 使事业成为喜悦 ……………………………………………………………………… (72)
4. 正确对待机遇 ………………………………………………………………………… (75)
5. 锲而不舍,金石可镂…………………………………………………………………… (78)
6. 良好的习惯是成功的阶梯 …………………………………………………………… (82)
7. 一寸光阴一寸金 ……………………………………………………………………… (85)
8. 自信才能成功 ………………………………………………………………………… (89)

第四章　畅意抒怀,天高地阔——旷达的人生心态

1. 人贵有自知之明 ……………………………………………………………………… (94)
2. 挣脱心灵的枷锁 ……………………………………………………………………… (98)
3. 不被“名缰利索”束缚 ……………………………………………………………… (102)
4. 顺其自然,随遇而安 ………………………………………………………………… (105)
5. 笑着离开世界………………………………………………………………………… (108)
6. 不怨天,不尤人 ……………………………………………………………………… (113)
7. 忠言逆耳利于行……………………………………………………………………… (116)
8. 用爱心打造自己的人生……………………………………………………………… (119)

第五章　情满胸怀，重义人生——寄情亲朋师友

1. 现实主义的爱情……………………………………………………（124）
2. 纯真的爱……………………………………………………………（127）
3. 关于我们的老师……………………………………………………（131）
4. 家庭是人生的避风港………………………………………………（134）
5. 对朋友要讲信义……………………………………………………（138）
6. 夫妻间要懂得宽容…………………………………………………（141）
7. 关于孝道……………………………………………………………（144）
8. 友谊地久天长………………………………………………………（148）
9. 我们伟大的母亲……………………………………………………（153）

第六章　与人为善，和谐共融——善恶人生辩证法

1. 做一个及格的好人…………………………………………………（158）
2. 关于恶人……………………………………………………………（163）
3. 损人不利己的坏人…………………………………………………（166）
4. 对付坏人的四大法宝………………………………………………（168）
5. 学会压制本能………………………………………………………（171）
6. 野蛮的“正义”与“非正义” ……………………………………（175）
7. 关于君子和小人……………………………………………………（180）

第七章　心态平衡，情绪稳定——长寿养生之术

1. 健康的心态是长寿的前提…………………………………………（186）
2. “适当”是长寿的关键………………………………………………（190）

3. 无为养生法…………………………………………………………………………（193）
4. 摆脱心理负担……………………………………………………………………（195）
5. 不要轻易动怒……………………………………………………………………（198）
6. 服丹药不是长生之道……………………………………………………………（202）
7. 做一个生命的强者………………………………………………………………（205）
8. 面对生命，要“想得开”…………………………………………………………（209）

第八章　物有极数，月有盈亏——不完满才是人生的哲学

1. 不完满才是人生…………………………………………………………………（216）
2. 无规矩，不成方圆………………………………………………………………（219）
3.“当时”的不寻常…………………………………………………………………（222）
4. 傲慢与天才………………………………………………………………………（225）
5. 不要成为行动的侏儒……………………………………………………………（229）
6. 不要做“好好先生”……………………………………………………………（234）
7. 恐惧心理辩证法…………………………………………………………………（238）
8. 不要自作聪明……………………………………………………………………（242）

第一章

天人合一，内外兼修
——安身立命的处世之道

1. 待人须宽厚

对待一切善良的人，不管是家属，还是朋友，都应有一个两字箴言：一曰真，二曰忍。真者，以真情实意相待，不允许弄虚作假。忍者，相互容忍也。

——季羡林《季羡林谈人生》（做人与处世）

季羡林先生把待人之道归纳成两个字“真”、“忍”。这里所说的“忍”，实际上就是我们日常所说的宽容。

人与人平等的生活在这个世界上，本无大的利害冲突，“不饶人”可以把小事变成大事，这样会增添许多不必要的麻烦，对谁都没有好处。所以，处世要学会宽容厚道。

荀子曾说过：“君子贤而能容罢，知而能容愚，博而能容浅，粹而能容杂。”

这句话的意思是：

大丈夫贤明而能容纳软弱无能的人；知识丰富而能容纳愚昧无知的人；博大精深而能容纳浅薄的人；德操纯粹而能容纳品行驳杂的人。

海洋深广，因为它不拒江河的大小清浊。一个人能欣赏他人的优点，是大度的人；一个人能容纳他人的弱点，更是真正大度的人。

这是一种处世的大智慧，古人曾多次运用。

南宋时期有一个叫沈道虔的人，家有菜园，菜园里种着萝卜。这天，沈道虔从外面回家，发现有一个人正在偷他家的萝卜，他赶紧避开，等那人偷够了走后他才出来。又有一次，有人拔他屋后的竹笋，沈道虔便让人去对拔竹笋的人说："这笋留着，可以长成竹林。你不用拔它，我会送你更好的。"他让人买了大笋去送给那人，那人十分羞惭，没有接受。沈道虔就让人把大笋直接送到了那人家里。沈道虔家贫，常带着家中小孩去田里拾麦穗。偶尔遇上其他拾麦穗的人相互争抢麦穗，他就把自己拾到的全部给争抢的人，争抢的人非常惭愧。

曹操的曾祖父曹节素以仁厚著称乡里。一次，邻居家的猪跑丢了，而此猪与曹节家里的猪长得几乎一样。邻居就找到曹家，说曹家的猪是他家的猪。曹节也不争辩，就把猪给了邻居。后来邻居家的猪找到了，邻居知道搞错了，就把曹节家的猪送回来，连连道歉，曹节也只笑笑，并不责怪邻居。

从表面看来，沈道虔和曹节无是无非，甚至显得窝囊懦弱。但实际上却显出了他们宽容厚道的为人。偷萝卜拔竹笋争麦穗，是不好的行为，但也是人穷家贫的无奈，何必深责？替他掩藏几分，反倒能使他自惭改过。邻居错认猪，尽管有自私一面，但失猪对一般人家而言也毕竟是大损失，情急之下错认，也可以理解。此二人一心为他人着想，宁可自己吃亏，正是胸襟宽阔、与人为善的美德的体现。

宽容不但是做人的美德，也是一种明智的处世原则，是人与人交往的"润滑剂"。常有一些所谓厄运，只是因为对他人一时的狭隘和刻薄，而在自己的前进路上自设的一块绊脚石罢了；而一些所谓的幸运，也是因为无意中对他人一时的恩惠和帮助而拓宽了自己的道路。

我们生活在一个越来越重视功利的环境里，但倘若太吝惜自己的私利而不肯为别人让一步路，这样的人最终会走投无路；倘若一味地逞强好胜而不肯接受别人的一丝见解，这样的人最终会陷入世俗的河流中而无以向前；倘若一再地求全责备而不肯宽容别人的一点瑕疵，这样的人最终宛如凌空于高高的山顶，会因缺氧而窒息。

曾有人把人比喻为"会思想的芦苇"，意指人弱小易变，情绪的波动随时都在改变自己对事物的正确了解。人非圣贤，就是圣贤也有一时之失，我们何以不能宽容自己和别人的失误？

其实，宽容并不意味对恶人横行的迁就和退让，也非对自私自利的鼓励和纵容。谁都可能遇到情势所迫的无奈、无可避免的失误、考虑欠妥的差错，所谓宽容就是以善意去宽待有着各种缺点的人们。所以，我们应该重视季羡林先生给宽容加的尺度，即“一切善良的人”，对于缺点，我们可以宽容，可以“忍”，而对于邪恶，我们也应该有勇气站出来与之斗争。

在日常生活中，当自己的利益和别人的利益发生冲突，友谊和利益不可兼得时，首先要考虑舍利取义，宁愿自己吃一点亏。郑板桥曾说过：“吃亏是福。”这绝不是阿Q式的精神自慰，而是宽以待人的高度概括和总结。

清朝时有两家邻居因一道墙的归属问题发生争执，欲打官司。其中一家想求助于在京城当大官的亲属张英。张英没有出面干涉这件事，只是给家里写了一封信，力劝家人放弃争执，信中有这样几句话：“千里求书为道墙，让他三尺又何妨？万里长城今犹在，谁见当年秦始皇。”家人听从了他的话，邻居也觉得很不好意思，两家终于握手言欢，反而由你死我活的争执变成了真心实意的谦让。

《菜根谭》中讲：“路径窄处留一步，与人行；滋味浓的减三分，让人嗜。此是涉世一极乐法。”可谓深得处世的奥妙。有这样一个女人，总在喋喋不休地向人们诉说邻家的污秽不堪。有一回她故意将一位朋友领到家里，指着窗外说：“您看那家绳上晾的衣服多脏！”可那位朋友却悄悄地对她说：“如果你看仔细点儿，我想你能弄明白，脏的不是人家的衣服，而是你自家的窗子。”

是啊，我们在同一片蓝天下生活，为什么不学着去宽厚地待人，而是去轻易地指责呢？即使脏的真是邻家的衣服，我们为什么不能表示理解和容忍呢？要知道，这样做不会给我们造成任何损失，只会令我们在为人处世的道路上获得更大的成绩。

下面我们总结了能帮你做到宽厚待人的几点方法：

（1）正视你的怨恨

没有人愿意承认他恨别人，所以我们往往把怨恨藏在心底，但怨恨却在平静的表面下奔流，损伤了我们的感情。承认怨恨，就等于强迫我们对灵魂施行手术，以求早日痊愈，即做出宽恕的决定。

埃伦是加利福尼亚大学的一名副教授，是一个很称职的老师。她的系主任答应替她向教务长请求提升她。然而，系主任在向教务长提交的报告中却严厉地批评了埃伦的工作，以至于教务长对她说："走吧，你最好另谋职业。"

当系主任对她说："真抱歉，尽管我在教务长面前为你说了许多好话，但仍然不能使教务长提升你。"她假装相信他的话，但她实在难以忍受这口怨气，每天都郁郁寡欢。

一天埃伦终于将这口气直接向这位系主任吐露了，而他却断然否认了这件事。这使她看出他是多么可怜、多么卑鄙。于是她感到不值得和他生气，并最后决定把这桩事情抛在一边。

（2）将错事与做错事的人区分开

这就是说，对错事本身感到愤怒，而不是对做错事的人感到愤怒。要做到这一点，首先应该重新评价这个人的优点、缺点，以及他做错事时所处的环境。

莉莉小时候就被父母遗弃了，对此她十分愤恨。她不明白为什么自己就不值得亲生父母来抚养。然而，她后来才发现她的生身父母其实很穷，并且生她时还未结婚。

后来，莉莉的一位朋友怀孕了，在担惊受怕的情况下，她把婴儿送给了别人抚养。莉莉分担了朋友的忧虑，并且意识到在这种环境下这样做是最好的办法。这使莉莉逐渐认识到她自己的父母那样做也是对的——他们把自己的孩子送给别人抚养，是因为他们太爱孩子了。莉莉对自己父母的新看法促使她的怨恨逐渐消失，并最终谅解了他们。

（3）过去的事情就让它过去

一位漂亮的女演员几年前在一次车祸中成了残废。她的丈夫陪伴着她，直到她几乎完全康复。然而，随后他却冷酷地离开了她。

女演员刚开始根本无法接受，长时间沉湎在美好往事的回忆之中，而对于未来，她只有愤恨。最终，她还是宽恕了他。她说："如果我只是终日地沉湎于对他旧日情爱的回忆之中，整天只是怨恨他的冷酷。那么，我只有终日流泪的份，于我的身体有害无益。让过去的事情过去吧，我需要的是获得未来的幸福。"

宽容别人也就解脱了自己，人生不过短短数十年，每个人都是握手而来，撒手而去，何必让那些怨恨和愤怒再纠缠心间，妨碍我们今天的幸福呢？当你明白了这个道理，你就真正走向了成熟的人生。

2. 交际人生的法宝——赞美

人生于世，必须处理好三个关系：一、人与大自然的关系，那也称之为“天人关系”；二、人与人的关系，也就是社会关系；三、人自己的关系，也就是个人思想感情矛盾与平衡的问题。

——季羡林《我的人生感悟》

（关于人的素质的几点思考）

季羡林先生把处理人际关系列为人生必须处理的三个关系之一，承上启下，可见其重要性。然而，处理好人与人的关系也并不是那么简单的，你首先必须要掌握一种技巧，即赞美别人。

戴尔·卡耐基曾经说过：“人性的弱点之一就是喜欢别人的赞美。赞美他人时，应注意场合、尺度、对象，要恰到好处，要真诚。”

无论对方是孩子、妻子、丈夫，还是下属、上司、同事等，只要你通过真诚的赞美来激励对方，说些给对方打气鼓励的话，那么对方就会自然地显示出友好和合作的态度来。赞美之于人心，如阳光之于万物。生活中，人人需要赞美。真诚的赞美，会让听者觉得自身的价值获得了社会的充分肯定，也能使其自尊心、自信心增强很多。

最有效的赞美方法是“雪中送炭”，而不是“锦上添花”。最需要赞美的不是早已“美名天下扬”的人，而是那些自卑感很强、被错当成“丑小鸭”的“白天鹅”。他们平时很难听到一声赞扬，但如果被人当众真诚地赞美了，尊严就可能复苏，精神面貌也会焕然一新。

见机行事、适可而止，也是赞美别人时应该注意的，应当真正做到“美酒饮到微醉后，好花看到半开时”。

为人夫，当你下班后走进家门的同时，看见妻子已经为你备好晚餐，你只要深情地望她一眼，说一句“看到桌上的菜我就饿了”，她一定会心花怒放。假如你酒足饭饱之后才说一句“你今天回来得真早”，这就只有“雨后送伞”的效果了。

人与人的交往中，适当地赞美对方，对方会对你迅速产生好感。由衷的赞美给对方带来被肯定的满足和愉快的时候，你也分享了一份十分难得的生活乐趣和喜悦。

当然，仅仅出自口头的赞美是不够的，你的赞美还必须是真诚的，实事求是的，而不是夸张的。真诚的赞美，才不至于让对方有虚伪的感觉。毫无根据的夸奖，会让人产生你在吹捧或者说至少有什么不可告人的目的的感觉。当你真的发现了别人身上的某些优点的时候，你应当把它直截了当地说出来。这个优点并不需要是惊天动地的，一些细微处的赞赏可能更能感动别人。例如，你发现对方今天穿了一件很漂亮的衣服，那就请立刻告诉她：“你今天这身衣服真好看。”

事实上，为了不辜负你的赞美，受到你赞扬的人也会在你的赞美后竭力显示出自己的高兴。“你想要其他人具有怎样的优点，你就要这样去赞美他。”这是丘吉尔告诉我们的。

其实，赞美他人并不是一件轻而易举的事情，而如果要适当地赞美他人，则更是难上加难了。千万不要以为赞美别人就是低估了自己，以为贬低他人才会显示出自己的能力。其实，换位思考一下，道理就不言而喻了：谁会愿意被别人贬低，甚至侮辱呢？谁又会愿意和一个肆意贬低别人的人深交呢？因此，我们在花钱上可以吝啬些，而对于赞美别人的话是绝不应该吝啬的！

赞美别人也是需要原则的，不是随意附和或奉承。赞美就如同一支火把一样，既照亮了自己前方的路程，又照亮了他人的生活；既发扬了被赞美者的美德，也推动了彼此之间友谊的健康发展。适当赞美他人，无疑是一件互惠互利的事。但如果不掌握一定的赞美技巧，即使你的赞美是真诚的，也会好心办坏事。所以，我们有必要注意以下几点：

（1）因人而异

人有高低胖瘦之分，品格有高贵和卑劣之分，人的性格更是不止一种。所以，在称赞他人时，如果赞美的是对方较为突出的个性，即赞美个人化，将比众人通用的赞美的效果好得多。如对于老年人，可以对他们引以为豪的过去进行赞美，因为他们总是念念不忘自己当年的“英雄事迹”和“聪明绝顶”；对年轻人不妨语气稍微夸张地赞扬他的创造才能和开拓精神；对于经商的人，可以说他头脑灵活，生财有道；对于造福一方的官员，可称赞他为国为民，廉洁清正；对于知识分子，可称赞他知识渊博……

（2）从具体的事情入手

在赞美人的时候，人都有自动把局部夸大为整体的趋势，因此，我们只要从某个局部、某件具体的事情入手就可以了，对于其他的一些工作对方会自动完成的，而且局部、具体的赞美会显得更真诚、更可信。例如，某人工作非常出色，那么表扬的时候也要指向具体的事情，不要泛泛而谈，比如“小李在××事上表现出色”，这样就能达到很好的效果。

（3）抑扬顿挫赞美法

平铺直叙是很多人在赞美别人的时候经常用到的方法，其效果有限。如果尝试采取从否定到肯定抑扬顿挫的赞美方法，就会达到更好的效果。看看以下两句评价客户的话，你就会明白赞美的技巧是多么的重要。一般的评价是“我像佩服××（有名望的人）一样佩服你”。“我很少佩服别人，你是例外”，这是从否定到肯定的评价原则。

（4）顺水推舟赞美别人

别人在向你谈到他认为很得意的事情时，通常希望能得到你的肯定和欣赏，希望得到热烈的回应。所以，当别人谈到自己得意的事情时，我们不如给予他们适当的赞美。例如，当你的上级谈到最近做成了一笔大生意的时候，你可以通过像“不得了，我还从来没看到过这么大的订单呢”之类的话来把自己对他的敬佩之情表达出来。

（5）不要溜须拍马

赞美，绝对不是一味地阿谀奉承，它应该是我们发自内心地对他人的一种善意的肯定。试想，如果一个人为了某种利益，不分轻重场合，一味地溜须拍马，这样会达到赞美的效果吗？现在的人，自我保护意识很强，过度的献谀也许会适得其反。而且如果对别人赞扬过度，就会显得自身渺小、卑微，给人低声下气之感。不卑不亢，尽显诚信之本色，才是我们要高度提倡的赞美方式！所以说，赞美应该是发自内心的欣赏。真诚地赞美他人，是一种圆融的大智慧，是一种提高自身气质修养的方法。

我们怎样才能正确适当地表达自己的赞美之意呢？这时，微笑便是制胜的不二法则。初次见面，不甚熟悉，我们微笑，大方得体；老友相见，笑脸相迎，能增添重逢的喜悦。不知你是否有这样的发现，在一些尴尬的场合，一个不经意的微笑就能缓和气氛，解除压力，甚至无意识中成为化解矛盾的源头，是的，这就是微笑的魔力。生理学家说，笑，是人类独具的面部表情，是其他任何动物都不具有的。我们为什么不好好珍惜这上天赐给我们的珍贵礼物呢？

欣赏和赞美有这么多的妙处，只要我们把握赞美的尺度，用心体会，仔细倾听，就会很容易发现生活中平凡但又美好的人和事物。请多一点理解，多一个微笑，多一些掌声吧！学会赞美和欣赏他人，把快乐同更多的人分享。

3. 自我反省的人是智者

我认为，我是认识自己的，换句话说，是有点自知之明的。我经常像鲁迅先生说的那样剖析自己。然而结果并不美妙，我剖析得有点过了头，我的自知之明过了头，有时候真感到自己一无是处。

——季羡林《另一种回忆录》（我写我）

荀子说："君子博学而日参省乎己，则知明而行无过矣。"季羡林先生正是这样一位"日参省乎己"的"君子"。他常常剖析自己，这就使他能够了解自己，认识自己，从而能够"知明而行无过"。虽然这种剖析让他有时候觉得自己一无是处，但正是这种感觉才会让他以谦虚的姿态面对世界。

人总是随着时间的推移而改变的，不仅形体如此，心智也是如此。10年前也许你认为金钱万能，只要有了钱就算是拥有了世界。5年前你可能认为唯有事业成功，这一生才算是没有白过。现在呢？或许你会觉得唯有心境愉快才是生命的终极意义。

大多数人就是因为缺乏自省能力，不明白自己这些年来的转变，才会看不清自己的本质。而一个不明白自身变化的人，就无法由过去的演变经验来思考自己的未来，当然只能过一天算一天。

再者，我们的一切行为都和环境息息相关，过去的变化以及未来的动向都是和环境互动的结果。要是不能以正确的眼光来解读外在环境的话，当然也无从定位自身所处的立场。因此，对我们每个人而言，自省是很重要的。

当然，自省不是要你一味沉浸在往日的失意里悲叹命运的不公，自省中你必须保持乐观情绪。工作中因一时疏忽而挨了领导的批评，上班时发现自行车的气门芯被人拔掉等等，人生中常有这样一些让人心烦的琐事。所以，自省最关键的是要善于调整心态。俗话说“笑一笑，十年少”，积极乐观的心态不仅能使你显示青春的活力，还将有助于增强机体免疫力，使你免受疾病的侵袭。

在快节奏的都市生活中，人们会面临种种压力，时刻自省能让你勇敢地面对现实，把压力当作是一种挑战，更有利于人的身心健康。

怀有怨恨心理的人情绪波动较大，不是整天抱怨，就是后悔；不是对人怀有敌意，就是自暴自弃。这样容易患心理障碍。时刻自我反省，能让你抛弃怨恨，学会原谅。

不善于用语言来表达自己的忧伤或难过的人容易患病，而压抑愤怒对机体也同样有害，更不能用酗酒、纵欲等不健康的生活方式来逃避现实。这个时候，你就更应该学会自我反省，这样才能走出自设的牢笼，使自己的人生变得更轻松。

墨子在《修身》篇中也特别强调了自我反省的重要性，认为君子就需要不断地自我反省以减少怨恨与仇恨。对自己做错的事，知道悔悟和责备自己，这是敦品励行的原动力。不反省就不会知道自己的缺点和过失，不悔悟就无从改进。

著名作家李奥·巴斯卡力写了大量关于爱与人际关系方面的书籍，影响了很多人的生活。据说，他之所以有这样卓越的成就，完全得益于小时候父亲对他的教育。因为每当吃完晚饭时，他父亲就会问他：“李奥，你今天学了些什么？”这时李奥就会把在学校学到的东西告诉父亲。如果实在没什么好说的，他就会跑进书房拿出百科全书，学一点东西告诉父亲后才上床睡觉。这个习惯一直到今天还维持着，每天晚上他就会拿10年前父亲问他的那句话来问自己，若当天没学到点什么东西，他是不会上床的。这个习惯时时刺激李奥不断地吸取新的知识，产生新的思想，不断进步。

反省是自我认识水平进步的动力。反省是对自我的言行进行客观的评价，认识自我存在的问题，修正偏离的行进航线。

为什么要经常反省？因为人不是完美的，总有个性上的缺陷、智慧上的不足，而年轻人缺乏社会历练，常常会说错话、做错事、得罪人。反省的目的在于建立一种监督自我的内在反馈机制。通过这种机制，我们可以及时知晓自己的不足，及时匡正不当的人生态度。良好的反省机制是自我心灵中的一种“自清洁系统”，或者叫“自动纠偏系统”。反省是砥砺自我人品的最好磨石，它能使你的想象力更敏锐，它能使你真正认识自我。

一个人有了不当的意念，或做了见不得人的事，可能瞒得过任何人，但绝对骗不了自己。人之所以会做对不起别人的事，不单是外界的诱惑太大，更多的是自己的欲念太强，理智屈就于本能冲动。一个常常自我反省的人，不仅能通过反省增强自己的理智感，而且必定知道什么是自己该做的，什么是自己不该做的。

时下，许多行业都很注重反省的习惯，以增强行业的凝聚力和工作效率。西方一家企业在一天工作结束时，抽出下班前的10分钟，让员工集合起来一起做“晚祷”，由老板领头朗诵下面几句话：

——我今天8小时的工作，是否有偷懒的行为？

——我今天的工作是否有任何缺点？

——我对今天的工作是否尽了全力？

——我今天是否说过不当的话？

——我今天是否做过损害别人的事？

这种方式对于个人来说是过于呆板了些，但其精神可资借鉴。对个人来说，方式可以灵活机动些，只要是反省自己，随时随地都可以进行。建立自我反省机制是为了反观自我的不足，以达到提升自我、健全自我和改善自我的目的。

我们要从以下几方面认识反省、看待反省：

（1）正视人性的弱点，认识反省自我的必要性毋庸置疑，人的通病都是“长于责人，拙于责己”或“以自我为中心”。反省要求的是“反求诸己”，而不是找他人的不是。反省是一面心镜，通过它可以洞观自己的心垢。自我如同眼睛一样可以尽情地看外面的世界，却无法看到自己。反省机制的建立将彻底改变这一局限。反省难就难在你愿不愿意去看到自己的心垢，有没有勇气去洗刷它。

（2）反省是认识自我、发展自我、完善自我和实现自我价值的最佳方法

成功学专家罗宾认为：我们不妨在每天结束时好好问问自己下面的问题：今天我到底学到些什么？我有什么样的改进？我是否对所做的一切感到满意？如果你每天都能改进自己的能力并且过得很快乐，必然能够获得意想不到的丰富人生。真诚地面对这些提出的问题就是反省，其目的就是要不断地省察自己，突破自我的局限，开创成功的人生。

（3）反省的内容就是时时扪心自问自己的言行

每天进行“心灵盘点”，有益于及时知道自己近期的得与失，思考今后改进的策略。

（4）反省的立足点和取向主要是针对自己

反省不仅是自身素质不断完善的手法，而且是融洽人际关系的法宝。比如，“念自己有几分不是，则内心自然气平；肯说自己一个不是，则人之气亦平”；“自知其短，乃进德之基”；“先问自己付出多少，再问人家给了多少”等等，都是很好的反省方式。若我们能时时这样去反省，就能使自己心平气和，善结人缘，力求进取，从而开创光辉的人生。

反省的方式可以灵活多样，至于反省的方法，有人写日记，有人则静坐冥想，只在脑海里把过去的事拿出来检视一遍。

只要我们都关注自身的发展，我们就无法回避认识自我。我是谁？我能干什么？我做得怎样？我要到哪里去……茫茫的人生旅途跋涉，我们都必须亮起一盏心灯，时时叮嘱自己：“一路走好。”

4. 满招损，谦一定受益

根据我自己的思考与分析，满（自满）只有一种：真。假自满者，未之有也。吹牛皮，说大话，那不是自满，而是骗人。谦（谦虚）却有两种，一真一假。假谦虚的例子，真可以说是俯拾即是。故作谦虚状者，比比皆是。

——季羡林《我的人生感悟》

（满招损，谦受益）

满招损，谦受益。弓满则折，月满则亏。骄傲自满是人的祸害，是千万要不得的。然而，在季羡林先生看来，谦虚也并不完全是好的，它有真谦虚和假谦虚的分别。真谦虚是品德高尚的表现，是值得尊重的，而假谦虚，或故作谦虚却是圆滑世故的外化，是虚伪的体现，同样是被人所厌恶的。所以，我们一定要做到“真”谦虚。

缯国旧地疆界的执掌官，看见了楚相孙叔敖，说：“我听说，做官久了的人，士人嫉妒他，俸禄多了的人，百姓怨恨他，官位高的人，君主憎恨他。如今你孙相国居官久，俸禄厚，职位尊三者都具备，却没有得罪楚国的士人和民众，这是什么原因呢?”孙叔敖说：“我三次做楚国的相国，思想上更加谦卑，每当俸禄增加，施舍就更加广泛，地位越高，礼貌就越恭敬。因此，才不得罪楚国士人和民众。”

一个人有一点能力，取得一些成绩和进步，产生一种满意和喜悦感是无可厚非的。但是一旦“满意”变“满足”，“喜悦”变“狂妄”的时候，成绩和进步就将成为继续前进的包袱和绊脚石，更有甚者还可能酿出悲剧。

一位成功的大企业家曾经说过："当你经过千辛万苦使你的产品打开市场的时候，你最多只能高兴5分钟，因为你若不努力，第6分钟就会有人赶上你，甚至超过你。"一个人的成绩都是在他谦虚好学，伏下身子扎实肯干的时候取得的，一旦骄气上升自满自足了，那么他必然会停止前进的脚步。

孔子在鲁桓公的庙里参观，看见了一种倾斜而不易放平的容器。便向守庙的人询问道："这是什么器具？"

守庙的人说："这大概是人君放在座位左边的一种器具。"

孔子说："我听说这种器具，空着的时候就倾斜，灌进一半水就正立着，灌满了就翻倒了。"

孔子回头对学生说："灌水吧！"

学生就舀水进容器里面，水灌到一半，容器就正立着，注满水就翻倒了，空了就倾斜着。孔子喟然长叹："唉！哪有满了不翻倒的呢！"

子路问道："我大胆地想问一下保持满有什么办法呢？"

孔子说："自己聪明智慧，要保持愚笨的样子；功劳覆盖天下，要保持谦让的样子；既勇敢而又力气盖世，要保持怯弱的样子；财富拥有全天下，要保持谦逊的样子，这就是所谓抑制并贬损满的方法。"（《荀子·宥坐》）

后来，子贡又问孔子道："我想做到对人谦虚，但不知如何做才好？"

孔子说："对人谦虚吗？那就要像土地一样，深深地挖掘，就可以得到甘泉；种植，就可以五谷繁茂；草木繁殖了，禽鸟和野兽就在这里繁育，草木禽兽生长时就立在地上，死了就埋进土地中；土地的功劳很大，但它不自认为有德行。对人谦虚就该像土地一样。"（《荀子·尧问》）

当你被上司提升或嘉奖的时候，常常会自鸣得意吗？如果是，那你就要好好学一番涵养的功夫，把你那因升迁而引起的过度兴奋压下去才好。你所拟的一生计划当然是非常伟大的，但在你达到这个伟大目标之前，中途的一些小成功可以说只是微乎其微的小事。也许在你实行一个计划时，一着手就大受他人夸奖，但你必须对他们的夸奖一笑置之，仍旧埋头去干，直到隐藏在心中的大目标完成。那时人家对你的惊叹，将远非起初的夸奖所能及。

有人会说，大凡骄傲者都有点本事，有点资本。你看，《三国演义》中"失荆州"和"失街亭"的关羽和马谡不是都熟读兵书，立过大功吗？

这种说法其实只看到了事情的表面，而没看到事情的本质。关羽之所以“大意失荆州”，马谡之所以“失街亭”，不正是因为他们自以为“有资本”而铸成的大错吗？

美国汽车大王福特曾说：“一个人如果自以为已经有了许多成就而止步不前，那么他的失败就在眼前了。许多人一开始奋斗得十分起劲，但前途稍露光明后，便自鸣得意起来，于是失败立刻接踵而来。”

人生处在顺境时，最容易得意忘形，终致滋生败象，乐极生悲。看过特洛伊战争“木马屠城记”故事的人，都会记得特洛伊是怎样被毁灭的。

特洛伊人与入侵的希腊联军作战，双方互有胜负。后来联军中有人献计，假装全部撤退，留下一匹大木马，并将勇士藏在马腹内，主力部队则躲在附近。特洛伊人望见远去的舰队，以为敌人真的撤退了，自己真的成功了，于是在毫无防备下，将木马拖入城内，歌舞狂欢，饮酒作乐。就在他们渐入梦乡时，木马中的敌人纷纷跳出，打开城门，里应外合，于是特洛伊灭亡了。

从这个故事中，我们可得到一个宝贵的教训：成功时不要高兴太早，否则失意马上就到。

真正有本事，胸怀大志的人是不容易骄傲的，这是一个人的修养达到较高境界的表现。倒是那些胸无大志的人、一知半解的人，很容易骄傲。至于骄傲的本钱，有大有小，有的甚至根本没有，也会凭空骤生骄气。

有这样一个寓言，长颈鹿因为能吃到几米高的树叶而骄傲，而小山羊则因能从篱笆缝隙里钻进去吃草而骄傲。这说明，骄傲的程度与愚蠢的程度成正比，与成功的概率成反比！要想在成功的路上走得既坚定又稳健，必须戒骄戒躁，永不自满。千万不要做半瓶子醋，要以一种空杯为零的态度虚心学习，养成求取上进的良好习惯。这样，你才会在有所成绩的基础上更进一步，才会有成功路上坚定的步履。

谦虚是人类的美德，对于人际交往也很重要。一个人对自己应该有个客观的评价，实事求是，不贬低自己，也不抬高自己；既能坚持正确的观点，又能虚心向别人请教。谦虚的人在交际应酬场合总是有许多朋友的，只有谦虚的人才能成为社会交往中受欢迎的人。

那么，究竟什么是谦虚呢？

谦虚就是虚心，不自满，肯接受别人的批评；从不隐瞒自己的缺点和弱点，总是知之为知之，不知为不知。这类人“不自大其事，不自尚其功”，即使做出了一点成绩，也认为很不够，因而总是充满了前进的动力。

谦虚是人的一种修养。凡谦虚之人，“不自见，故明；不自是，故彰；不自伐，故有功；不自矜，故长”（《老子》），这类人从不盛气凌人，不以长者自居，不以能人骄人，不以贵人下人，因而人格高雅、尊贵，他人自会感到可亲。一般来说，越是见多识广，越是素养高雅者，就越是谦虚；而越是无知的小人，就越是不知天外有天，越是狂妄。

谦虚是对自己不切实际的奢望的限制，是自我反思的一面镜子。谦虚者总认为自己的长处是有限的，也总不去享受自己不能享受的特权，他将自己置于规范、法纪所约束的位置。所以本质上说谦虚是一种克己，是在努力戒掉那些不切实际的奢望，是在自己的心中自觉地设置抵挡贪欲的堤防，这样的人因此而高大、纯洁。

谦虚的人恪守的是一种平衡关系，即让周围的人在对自己的认同上达到一种心理上的平衡，让别人不感到卑下和失落，非但如此，有时还能让别人感到高贵，感到比其他人强，即产生任何人都希望能获得的所谓优越感。不让别人感到失落和使别人产生优越感的秘诀之一，便是在他面前恰当地表现自己的谦逊。

任何事情都会有个度，太过谦虚就会让人觉得不真实，不实在，这时你就会让人认为是虚伪的了。这就是季羡林先生所说的“假谦虚”。

在工作中，往往有许多人掌握不好谦虚和虚伪之间的界限，弄得不好，就会变假、变虚、变伪。这些人在表面上看起来似乎是在谦虚，可总让人感到不实在，原因就在于“分寸”二字。

谦虚不等于谄媚。如果在交际中，喜欢对对方说一些言不由衷的溢美夸饰之词，以为只有这样才显得彬彬有礼，谦恭有教养，那就错了，过分地赞美，也是谄媚。谄媚，不但不能给人以好感，反而会让人生厌，这是人际交往中的一大忌讳。

总之，要学会真正的谦虚是不容易的，真正的谦虚并非是自己懦弱的象征，也并非是虚情假意的外化；不仅仅表现在被他人赞赏之时，更表现在被他人批评之时。当谦虚与恰当的自我标识相结合，就会将人带入获得成功的途径。

5. “有为”与“有不为”

“为”，就是“做”。应该做的事，必须去做，这就是“有为”。不应该做的事必不能做，这就是“有不为”。

——季羡林《季羡林谈人生》（有为有不为）

孟子认为，“人有不为也，而后可以有为。”季羡林先生把“有为”与“有不为”解释得更加透彻：“有为”就是必须做应该做的事，“有不为”就是不做不应该做的事。

季羡林先生认为，人生在世，要知道该做什么和该怎么去做。这里所说的“不为”并不是不做任何事的“无为”，而是先冷静分析，选择自己的目标，而后展翅高飞，有所作为。

对于企业来说，领导者作为企业之首，是企业的决策者，直接影响着企业的发展方向。他首先要具备有为有不为的能力，带领企业向前发展。

人们都知道松下、日立、索尼，也都知道丰田、本田、佳能这些日本著名公司。却少有人知道日本的西武集团。它自 20 世纪 70 年代起，在第二代掌门人堤义明的领导下实现飞跃，与新日本钢铁公司、三菱重工业集团并列为日本最大的企业集团。目前它总共拥有 170 多家大规模企业，员工逾 10 万人，经营的业务涉及铁路、运输、百货公司、地产、饮食业、高尔夫球、游乐职业棒球队、学校、研究所等 100 多个行业。

在日本，没有一个地方没有西武集团的身影；在国外，西武集团的旗帜也随处可见。这家世界性的超大型企业素有“西武军团”之称。

在世界著名财经杂志《福布斯》公布的全球最为富有的企业家排名中，堤义明在1987—1988年连续两年雄居第一位，被认为是在世界上刮起了“堤义明旋风”。其实，堤义明之所以能够有如此成绩，就在于他懂得有为与有不为的道理。

堤义明1934年出生，小时候是一个腼腆、温顺、不起眼儿的孩子，但从麻布学院考入早稻田大学之后，堤义明发生了根本性的转变，他富有主见，精力充沛，雄心勃勃。他和几位好友一起创办了早稻田大学观光学会，发动学生到西武企业去服务打工，表现出较强的企划能力和实践能力，被同学们推举为自己的领袖。

是什么使堤义明有如此大的改变呢？

这要归功于他的父亲堤康次郎。堤康次郎不但是一个合格的父亲，更是一个出色的企业家，他知道自己的一个任务就是培养西武企业的第二代当家人。堤康次郎常常带着堤义明到离家不远的公园去散步，灌输给儿子待人处世和经营企业的道理。

有一天，堤康次郎把堤义明叫到自己的房间，神情极其庄重地说：“千万记住，在我死后，一定要照我的办法做，只有懂得有所为有所不为，才能守住我留下的产业。”

儿子遵守了父亲的训诫。1964年到1974年，堤义明静观事变，眼看着那些急于求成的企业家们在这段时间里纷纷落马。

堤义明接管家业的第二年，日本进入工业旺盛时代，工商企业蓬勃发展，土地投资更是一本万利的生意。然而堤义明却决定退出地产界。

此消息相当于一个里氏12级大地震，震惊了全日本的业界人士。20世纪60年代中期，在日本连白痴都相信，炒房地产就等于自己印钞票。有人开始怀疑堤义明的能力是否可以应付一个大企业的经营要求。也有人开始中伤堤义明，说他是没有半点头脑的草包。

堤义明手下有八大得力助手，大部分都主张继续在土地方面扩大投资，以便谋求最大利益。但没想到堤义明完全否定了土地投资的建议。

堤义明在最高决策会议上，面对年龄比他大、经验较他丰富的高层主管这样说："我已经预测到，土地投资的好景期已经过了，供求要讲平衡，大家猛炒地皮的结果，把正常的供求状态搞坏，我看很快就会出现失衡的大问题。"

堤义明的兄弟和手下八大得力助手，没有几个人同意他的决定。然而堤义明对大家说："我们公司必须做出明智决定，如果全体一致同意，事情就不妙了，全体一致主张，时常有毛病。现在大家不同意我的想法，我知道我一个人对，你们全都没看出这行业的风雨已经快来，危险得很。我决定了，大家照我的话去做没错。"

堤义明外表沉静，内心却活跃得很。他很小心地搜集到了足够的情报，经过分析后才做出这个明确而又果断的决定。他预计土地的生意不可为，眼前的好景也就够维持几年。土地的问题是供过于求，只有及时收手，才不至于在大灾难到来的时候被烧得遍体鳞伤。

堤义明的看法果然没错，过后很长时间里，土地投资者在炒卖的旋涡里受尽折磨，很多地产投机者都陷入困境。

光守业，靠不为，是不能刮起"堤义明旋风"的。10 年甘于寂寞，到了 1975 年，堤义明在 100 多种事业中全面出击，酒店业、娱乐场、棒球队等等方面的投资，捷报频传……

堤义明的不为，不是无为，而是静观以待后有所为，这里的不为，是在沉寂的表象下面，积聚爆发与突破的力量。

6. 正确面对压力

压力如何排除呢？粗略来分类，压力来源可能有两类：一被动，一主动。天灾人祸，意外事件，属于被动，这种压力，无法预测，只有泰然处之，切不可杞人忧天。

——季羡林《季羡林谈人生》

（论压力）

季羡林先生将压力分为被动和主动两类，对于被动的压力，我们没有能力去左右；而对于主动的压力，我们却可以做出适当的调节。

生活中，常常听到有人抱怨活得太辛苦，压力太大，觉得生活了无生趣。其实，这往往是因为在没有衡量清楚自己的能力、兴趣、经验的情况下，便给自己在人生各个路段设下了过高的目标。这个目标不是根据个人实际情况制定的，而是通过和他人比较制定的，所以为了完成目标，每天都不得不背着沉重的包袱去生活，不得不忍受辛苦和疲惫的折磨。

人首先要为自己负责任。有的人不看实际情况，要求自己必须考上名牌大学，必须学热门专业，认为这是自己的责任，只有这样才算完美人生。许多大学毕业生不愿去基层，不愿去艰苦地区，就是因为他们的人生背篓中背负有太多的“责任”。这种以私利为出发点的个人抱负，已蜕变为一个包袱压在身上，让人喘不过气来。

人们常说：“什么事都归咎于他人是不好的行为。”而动不动就把错误归咎于自己，这也是不正确的观念。比如说有的人因孩子学习不好而整天苦恼，因孩子没考上大学而内疚。其实完全没有必要，因为作为家长，你为孩子提供的只是外在的条件，孩子落榜会有许多原因，怎么能把责任全归到自己身上呢？再说，塞翁失马又焉知非福呢？指不定孩子能在其他方面有所成就呢。

歌德曾经说过："责任就是对自己要求去做的事情有一种爱。"只有认清了在这个世界上要做的事情，认真去做自己喜爱的事，我们才会获得一种内在的平静和充实。知道自己的责任之所在，不要强加包袱在自己的身上，才能体会到人生旅途的快乐。

不要操之过急，也不要同时处理许多事情。为你生命中重要的事件排列顺序，可以避免突发事件可能导致的危机。不要把时间浪费在无法改变的事物上，尽量在你使得上力的地方下工夫，努力寻找改善现状的契机。接受你无法施展影响力的事实并不表示你得放弃希望，它意味着你可将精力转移到别的地方，而有不同的转变。这就是季羡林先生所说的，对被动的压力要泰然处之，切不可杞人忧天。

压力可分为两种：一种对你有益，另一种则对你有害。当你对某件事情感到兴奋的时候，那就是有益的压力。当时，你会心跳加速、血压稍微升高、体内释放出肾上腺素，而且呼吸变得急促。有害的压力也会产生同样的生理反应，只是这些反应对你的身体并没有好处。研究表明，这种因为财务不稳定、上司不够体恤、工作能力不足等其他类似因素所产生的有害压力，会导致愤怒、挫折、精疲力竭、沮丧、头痛、高度紧张、失眠、注意力无法集中、消化不良、过食症、溃疡、喜怒无常、性功能失常、高血压、中风、心脏病等不良情况，或是因为免疫系统的失调而导致无法抵抗感冒和一般病毒，有害压力承受者甚至会虐待配偶和小孩。因此，必须控制这种压力，具体可采用以下方法：

（1）培养正确的态度

把压力视为生命中的转机或挑战。如果你能接受这些挑战，你会更加了解自己，也能培养面对这些压力情境的有益技巧，以免伤人伤己。另一方面，你更能掌握自己的人生方向，更有信心面对未来，迎接挑战。

（2）保持弹性

天有不测风云，当你碰到突来的压力，要将其视为成长的机遇而非破坏的来源，并勇敢地接受它。

不要认为自己的想法或感觉一定是最正确的。避免旧调重弹、翻老账、迁怒别人，也不要埋怨老天爷对你如何不公平。

你要善用天赋的权力与能力，尽量保持客观、心胸开放、接受别人的看法。不要期望别人的行为会前后一致，而要在危机中寻找转机，以达到你的目标。

（3）别把自己的价值观强加在他人身上

当你期待别人在特定情境要和你有同样表现时，你就已经对那个人塑造了一个错误形象。这就是所谓的“偶像化”，因为你看不到也不愿意接受这个人的本来面目，只愿接受你所塑造出来的形象。如果那个人的表现无法达到你所预期的，你就会非常失望，挫折和愤怒也会随之而来。

（4）及时沟通

有时候我们只注意压力的征兆，例如头痛，却忽略导致压力的原因。在尚未排除压力产生的内在原因之前，压力虽然可以暂时得到缓解，但却治标不治本，甚至可能会导致更糟的结果。与其注意压力的征兆，不如把这个征兆当作线索去试图找出产生压力的原因并加以矫正。

让那些造成你压力来源的人知道你的感受：“我一个人留在办公室时，就感觉好像要被工作压垮了，而且无法集中精神做我分内的事。”因此，不妨就如何解决压力的话题开始谈起：“你迟到的时候，我必须帮你做事，哪一天如果我要早点离开，你可不可以也帮我处理一下？”以试图减轻工作负担过重所产生的压力。

（5）深呼吸

面临压力时，最好让你自己暂时脱离焦虑的情境。所以，呼吸一点新鲜空气，舒服地坐在桌子前，闭上眼睛，数到4。每一个数字花一秒钟：1、2、3、4。数到4时，用鼻子吸气，让肺部充满空气，直到有点不舒服为止。暂时屏气凝神，再从1数到4。数到4时，从嘴巴吐气。只要重复几次这个动作，就能暂时消除压力。

这个方法如果能和视觉影像配合，效果会更好。一边深呼吸时，一边想象问题解决、压力消除之后的快乐情景。然后问问自己，要怎么做才能达到那样的结果。而这个答案就是你的行动计划。

（6）采取行动

找出问题的症结，针对事件设定策略来克服难题。不要让自己沦为他人粗心行为的受害者。如果你老在回应别人，你永远无法掌握自己的人生；而且，如果你总是随便发火，只会让自己更容易受到伤害。

想想那些让你愉快、能激励你、对你长期目标有益、能让你有成就感的事。然后采取必要行动，以获得你应得的美好结果。

（7）不采取行动

你没有必要对每一种感受都有所行动，不妨也接纳某些感受。也许你无法妥善应对所有他人对你的批评、指责，但先不要加以评判，暂时不要有任何回应。

（8）适可而止

每完成一件事，就把它从你的行动计划表上划掉，休息一下，再做新的工作。把桌上那些和目前工作不相干的东西拿掉，每天检视自己的努力成果，然后把工作留在办公室。

如果一定得把工作带回家，要设定一段执行的时间，若超过时间，就不要再做，除非进度真的落后很多。记住，没有什么工作值得赔上你自己的生活。

（9）找人聊聊

如果为如何与造成你压力的人沟通而烦恼，你反而会增加自己的压力。在你工作已经堆积如山时，冒犯你的人也许早把工作做好了，或许正在饱餐一顿、睡大觉或打高尔夫球去了。

所以，为什么要跟自己过不去呢？详细规划冲突时的应对守则，态度要坚定。同时，找一个信得过的人谈谈，把心中的挫折、愤怒和痛苦都发泄出来，做做自己喜欢、有把握的事，并且下定决心，永远不再跟那群家伙较劲。

(10) 每周有一个晚上9点上床

在每星期中找一天（比如星期五），晚上9点就上床睡觉。这么做，不仅会让你一个星期以来所累积的疲倦得到舒服的解放，也会给你一个轻松周末的开端。

如果，你已经削减了一些热闹的娱乐活动，无论如何，你星期五晚上一定要待在家里；如此，才能开始有一个美好的夜晚。星期天，也是很适合提早睡觉的日子，因为，星期天的事情通常是比较少的，而且，提早睡觉也可以让你充分休息，好应付一个星期的开始。

不管你选择哪一个晚上提前睡觉，你投资在睡眠上的，将会得到很大的回报。例如，你这么做必定会比晚睡时来得精神充足、神清气爽，而且，在能量充足之后，你的工作和休闲的效率及品质也必然提高许多。

7. 做事情要“三思而行”

“三思而行”，是我们现在常说的一句话，是劝人做事不要鲁莽，要仔细考虑，然后行动，则成功的可能性会大一些，碰壁的可能性会小一些。

——季羡林《季羡林谈人生》（三思而行）

季羡林先生认为，不经思考，盲目行事，是许多人不能取得成功的关键。那些真正取得成就的人都有一个共同的良好习惯：在做事之前，一定要思考出正确的决策。没有正确的决策，就等于已经走向了失败！

决策决定行动的方向。那些成功的人，都是正确决策的操纵者。很显然，正确的决策源自于正确的判断，正确的判断源自于经验，而经验又源自于错误的判断。人生中那些看似错误或痛苦的经验，有时却是最可宝贵的财产。

在你综观全局，果断决策的那一刻，你的人生便已经注定。

两虎相争智者胜。胜者之所以胜，乃在于他决策时的智慧与胆识，能够排除错误之见。正确的判断是获胜者经常需要训练的素养。为什么呢？因为没有正确的判断，就会面临更多的危急和失败。

另外，在危急和失败关头保持冷静也是很重要的。有人面对危难，狂躁发怒；而智者则能临危不乱，沉着冷静，理智地应对危局。在平常状况下，大部分人都能控制自己，也能作出正确的决定。但是，一旦事态紧急，他们就自乱脚步，而无法把持自己。

保持冷静的头脑首先要相信自己，不要由于缺乏必要的力量，就否定一个可行的计划或构想。

只要肯动脑筋，就没有办不成的事，要把不可能化为可能。我们即使缺乏人力、财力与物力，只要肯花时间和精力去开拓人力与财力的资源，那么对我们而言，也几乎没有办不到的事情。

任何时候，我们都应该记住，我们自己的潜能还远远没有发挥出来。科学家告诉人们，平时使用的潜能充其量也只有我们全部潜能的1/80。这话可能有点笼统，但有一点可以肯定：如果我们有较强的自信心，再加上我们勤于思考，我们的表现会比现在更好。

成功者善于强化自己反复思考判断的习惯，从思考判断的习惯中找到突破常规的办法，又从办法中找到新的创意。这样他们就超出了一般人的正常判断，很容易在智力上超过别人。因此，反复思考判断，可以训练我们的判断逻辑。

思考的形式是多种多样的，但是从反面思考尤为重要。成功者常常从反面去思考和判断问题，去总结教训，为下一次获得经验。如果在做事之前，没有正确的思考和判断，很难想象一个人要想取得成就是多么可笑的一件事。

成功的机会在我们的周围到处都有。潜在的能力到处都有，但要由敏锐的眼光和头脑来发现。

首先要思考和观察世人有何需求，然后去满足这一需求。一项让烟在烟囱中逆行的发明虽然巧妙，但对人类毫无益处。

一个善于观察的男人发现自己的鞋跟被拉了出来，因为买不起一双新鞋，他便思忖："我要做个可以镶到皮革里的带钩的金属圈。"当时他贫困潦倒，连割院子里的草都要向别人借镰刀，而就靠这项小发明他成了一位富翁。

成就大事业或有重大发明创造的人并非都是财大气粗之辈。第一台轧棉机是在一个小木屋里制造出来的；美国第一艘汽船是由费奇在费城一座教学的器具室里组装起来的；麦考密克在小磨房里研制出著名的收割机；第一个干船坞模型是在一间阁楼内制作的；位于马塞诸塞州沃塞斯特的克拉克大学创办者克拉克靠着在马厩里制作玩具马车开始发财；爱迪生早在做报童时，就已藏在行李车厢内开始了他的实验。

米开朗琪罗在佛罗伦萨街边的垃圾堆里捡到一块被人扔掉的大理石，这块大理石是被一个不熟练的工人在切割过程中损坏的。无疑也有其他艺术家注意到了这块品质优良的大理石，但因其被损坏，所以他们只剩下了痛惜。只有米开朗琪罗看到了这块废弃的大理石中的天使，他用凿子和锤子创作出了人类历史上最优秀的雕像之一——《年轻的大卫》。

伟大的自然哲学家法拉第是铁匠的儿子，年轻时写信给英国皇家学会谋职。法拉第得到了一份刷瓶子的工作，他在工作中经常利用抽出来的时间在药房的顶楼内用旧坩埚和玻璃瓶做实验，这使他终于成为伍尔维奇皇家学会教授。

我们不可能人人都像牛顿、法拉第或爱迪生那样有伟大的发现，但我们可以和他们一样抓住平凡的机会并使之不平凡，进而使我们的人生变得更壮丽。

如果你想成功，就必须研究你自己和你自己的需要，就必须思考。你会发现千百万人也有同样的需要。风险最小的营生总是同人类的基本需求相关。衣、食、住是我们必不可少的。我们也需要娱乐、教育和文化设施。一个人，只要他能满足人类的一项需要，改善人类采用的方法，或对人类的生存状态作出贡献，那么他就可以成功，而且，就在他所在的地方成功。

当然，这一切都需要动动脑子来思考，只有思考才能成功。

8. 要具备谦逊的品格

说老实话，今年确是有一些连做梦都想不到的怪事出现在我的身边。求全之毁，根本没有。不虞之誉却纷至沓来。难道我真交了好运了吗？我从来不认为自己有什么了不起。现在是收获得太多，而给予得太少，时有愧怍之感。

——季羡林《病榻杂记》

（石榴花）

谦逊是成功人士必备的品格。具有这种品格的人，在待人接物时能温和有礼、平易近人、尊重他人，善于倾听他人的意见和建议，能虚心求教，取长补短。对待自己有自知之明，在成绩面前不居功自傲；在缺点和错误面前不文过饰非，能主动采取措施进行改正。季羡林先生正是这样一位谦逊的学者和导师。

谦逊永远是一个人建功立业的前提和基础。不论你从事何种职业，担任什么职务，只有谦逊，才能保持不断进取的精神，才能增长更多的知识和才干。因为谦逊的品格能够帮助你看到自己的差距。永不自满，不断前进可以使人能冷静地倾听他人的意见和批评，谨慎从事。否则，骄傲自大，满足现状，停步不前，主观武断，轻者使工作受到损失，重者会使事业半途而废。

具有谦逊品格的人不喜欢装模作样，摆架子，盛气凌人，而是能够虚心向群众学习，了解群众的情况。美国第三届总统托马斯·杰斐逊就指出：“每个人都是你的老师。”

杰斐逊出身贵族，他的父亲曾经是军中的上将，母亲是名门之后。当时的贵族除了发号施令以外，很少与平民百姓交往，他们看不起平民百姓。然而，杰斐逊没有秉承贵族阶层的恶习，而是主动与各阶层人士交往。他的朋友中当然不乏社会名流，但更多的是普通的园丁、仆人、农民或者是贫穷的工人。他善于向各种人学习，懂得每个人都有自己的长处的道理。

有一次，杰斐逊和法国名人拉法叶特说：“你必须像我一样到民众家去走一走，看一看他们的菜碗，尝一尝他们吃的面包，只要你这样做了的话，你就会了解到民众不满的原因，并会懂得正在酝酿的法国革命的意义了。”由于杰斐逊作风扎实，深入实际，他虽高居总统宝座，却很清楚民众究竟在想什么，他们到底需要什么。这样，他就在密切群众关系的基础上，进而造就成为一代伟人。

谦逊的品格，还能使一个人面对成功、荣誉时不骄傲，把它视为一种激励自己继续前进的力量，而不会陷在荣誉和成功的喜悦中不能自拔，把荣誉当成包袱背起来，沾沾自喜于一时之功，不再进取。

居里夫人以她谦逊的品格和卓越的成就获得了世人的称赞，她对荣誉的特殊见解，使很多喜欢居功自傲、浅尝辄止的人汗颜不已。也正因为她的高尚品格的影响，以后她的女儿和女婿也踏上了科学研究之路，并同样获得了诺贝尔奖，她的家庭也因之成为令人敬仰的两代人三次获诺贝尔奖的家庭。

为了取得杰出的成就，一定要把谦逊当作人生的第一美德来刻苦培养。

可有的人自以为是，不具有谦逊的美德，结果往往是自己吃亏。

有一个自认为很博学的博士毕业后到一机关上班，成为那里学历最高的一个人。有一天他到单位后面的小池塘去钓鱼，正好有两位同事也在钓鱼。“听说他俩也就是本科生学历，有啥好聊的呢？”这么想着，他只是朝两人微微点了点头。不一会儿，两位放下钓竿，伸伸懒腰，蹭蹭蹭从水面上如飞似的跑到对面上厕所去了。博士眼睛睁得都快掉下来了。“水上飞？不会吧？这可是一个池塘啊！”不久二人上完厕所，同样也是蹭蹭蹭地从水上飞回来了。

过了一会，博士生也内急了。这个池塘两边有围墙，要到对面厕所非得绕10分钟的路，而回单位又太远，怎么办？博士生也不愿意去问那两位，憋了半天后，心想：“我就不信这本科生学历的人能过的水面，我博士生不能过！”只听“扑通”一声，博士生栽到了水里。两位赶紧将他拉了出来，问他为什么要下水，他反问道：“为什么你们可以走过去而我就掉水里了呢？”两位同事相视一笑，其中一位说：“这池塘里有两排木桩子，由于这两天下雨涨水，桩子正好在水面下。我们都知道这木桩的位置，所以可以踩着桩子过去。你不了解情况，怎么也不问一声呢？”

任何人都不喜欢骄傲自大的人，这种人在与他人合作中也不会被大家认可。你可能会觉得自己在某个方面比其他人强，但你更应该将自己的注意力放在他人的强项上，只有这样你才能看到自己的肤浅和无知。任何一个人，都可能是某个领域的行家里手，所以你必须保持谦逊，看到自己的短处，这样才会促使自己不断地进步。

第二章

道德文章，为国楷模
——修身立德之道

1. 以德立身

道德是一种社会意识，是一种不依靠外力的行为规范。道德以善与恶、美与丑、真与伪等概念调整人与人、人与社会之间的关系。

——季羡林《季羡林谈人生》

（慈善是道德的积累）

人的品行、道行其实就是“德”，生活中人们对自己仰慕的人最常用的评价就是德才兼备。季羡林先生认为，要“以德立身”，就要用真、善、美来调整人与人，人与社会之间的关系。

一个品行不端、德行糟糕的人不可能结交到真正的朋友，也不可能获得长久的事业成功。这样的人很难有人能与之长期合作，因为这种人不是搞一锤子买卖就是过河拆桥。这种人在家庭中，也会做出不道德的事情，极有可能造成爱人和孩子的痛苦与不幸，他们甚至还可能因为某种利益的驱动铤而走险，以致落入法网……

要走向成功，就需要以德立身，这是一个成功者必须确立的内在标准，没有这个内在的标准，人生之路就会失去支撑，最终导致失败。同样，在做人处世中，要想在人际交往中畅通无阻，成为一个人人喜欢的人，以德立身也是必不可少的。

我们要知道，以德立身还必须以自律为前提，一味讲“哥儿们义气”

并不在以德立身之列。俗话说“近朱者赤，近墨者黑”，在社会上，缺德之友最终会成为自己成功路上的定时炸弹。例如，明知这笔贷款不合手续，但因为对方是朋友，所以大开绿灯；明知这个项目不能担保，因为受朋友的委托，所以还是办妥了。诸如此类经济犯罪案件多数发生在年轻人身上，他们重朋友、讲义气，交往中自以为彼此很了解底细，因此在合作中绝对信任对方，毫无防备，不能办的事也不好意思拒绝。这样做或许表面上让人喜欢，实际是害人害己。

以德立身贯穿于每个人的人生全部过程，是一个人做人最根本的原则。在人生的不同阶段，虽然道德对于人的要求有着不同的变化，每个人体验和经历的内容也不一样，但是，“以德立身”的人生支柱是不变的，它对人生大厦起着支撑作用的定律是不变的。

一个人一旦在道德上出了问题，就很容易为众人所唾弃，这在现代管理学中尤为明显，请看下面这个事例。

美国《读者文摘》曾经刊登过一篇文章，作者这样写道：

“我应邀为一家银行诊断员工士气低沉的原因，年轻的银行总裁叹气说：‘我真不明白哪里出了问题。’他精明能干，由底层晋升至现在的高位，却发觉银行业务日渐衰落，他归咎于部下工作不力：‘我使尽浑身解数激励员工，他们还是无法振奋。’

他说得对。银行里到处弥漫着互不信任的气氛。我与员工多次私下交谈之后，终于明白了真相。所有员工都知道，这个已婚的年轻总裁与一名女职员有婚外情。现在事情清楚了：银行业绩是受总裁品德所累。他只顾偷欢，却忽略了其行为的后果。”

品德其实对每一个人来讲都极为重要。品德由种种原则和价值观组成，给我们的生命赋予了方向、意义和内涵。品德构成我们的良知，使我们明白事理，而非只根据法律或行为守则去判断是非。因此，正直、诚实、勇敢、公正、慷慨等品德，在我们面临重要抉择之时便成了首要。

有两个士兵一起赶路，在半路上，他们遇到一个强盗。一个胆小者马上躲到一边，另一个胆大的则勇敢地迎上去，与之搏斗并杀死了强盗。这时，那胆子小的士兵跑过来，抽出剑，并将外衣丢开，大声说：“我来对付他，我要让他知道，他所抢劫的是什么人。”

这时，那名胆大的士兵说：“我只愿你刚才能来帮助我，哪怕只说些鼓励的话也好。因为我会相信这些话是真的，更会鼓足勇气去与强盗斗。现在，强盗已被我杀死，你拔出剑来有什么用？你说的那些话更没意思。你只能欺骗那些不知道你的人。我亲眼见到了你逃跑的速度，十分清楚你勇气的可靠性。”

这故事讽刺了这样一些人：当别人遇到艰难，甚至危险时，他袖手旁观，而别人一旦取得成功，他就跳出来，假仁假义地说要帮助别人。这种人用我们的俗话说就是缺德。

《孟子·尽心上》曰：“仁者无不爱也，急亲贤之为务。”在孟子眼中，“贤人”就应该是个德才兼备的贤人。在现代也同样要注意，用人要以品德为先。

许多公司在用人时都把“德”放在第一位，这也许代表了一种倾向。“德”、“才”两者本无直接关系，但在选用人才时，对两者却不能不作慎重考虑。其实，早在汉代，司马光就精辟地总结出了用人原则：有德有才重用；有德缺才限制；有才无德不用。

时间虽然在流逝，但今天的人们仍然遵循着这位先哲的用人之道。北京用友软件股份有限公司就把“德”排在用人的首位，颇具有代表性。

创立于1988年的北京用友软件股份有限公司，是目前中国最大的财务及企业管理软件开发供应商，也是中国最大的独立软件厂商。可以肯定地说，用友的成功与用友的用人是分不开的。据用友人力资源负责人介绍，用友公司用人的原则是：

（1）品德放在首位。

（2）对事情的积极态度。因为只有积极的人，才有把事情做好的可能，也不是说完全能做好，但是这种可能性更大。

（3）与人相处、沟通的团队精神。按照用友的看法，软件发展到现在，个人英雄主义时代已经过去了，更多的是需要一种团队精神。

同样，恒基伟业公司最看重的也是良好的职业操守。恒基伟业的人才理念简单概括起来就是——尊重人才、培养人才、提升人才。他们认为符合企业未来发展的人才应该具备以下素质：

（1）健康的人格。简单地说就是要有原则，要有是非善恶的明确标准，有强烈的责任心和良好的职业操守。

（2）较强的创造性。他必须有创新意识，看问题有独特的视角，有创意冲动，有求异思维和敢于怀疑的精神。

（3）主动精神。有较高的主观能动性，有自我完善和自我发展意识，少依赖性。

（4）广博的知识。现在企业讲究人才要有复合型知识结构，这样可以保证人才有迁移性思维。

在这些素质中，健康的人格和良好的职业操守显得尤为重要，而良好的职业操守是实现目标的前提。

2. 慈善是道德积累的开端

慈善是良好道德的发扬，又是道德积累的开端。孟子说：“恻隐之心，仁之端也”。

——季羡林《季羡林谈人生》

（慈善是道德的积累）

季羡林先生这里所说的慈善，实际上跟墨子所宣扬的“兼爱”具有相通之处。而墨子提倡的“兼爱”表现的是对他人的平等之爱，是一种抛开血缘关系的博爱。

对自己生活周围的人富有爱心，如亲戚朋友、邻居街坊、单位同事等，他们与自己都有着千丝万缕的联系，对他们怀有同情和关切之心，爱之如己，能够使自己的生活环境融洽、祥和、温馨。这是慈善的第一个层次。

能够对与自己不相关的人和事产生兴趣，并乐意尽力相助，这是慈善的第二个层次。有人落水了，赶快下去抢救；有房子失火了，赶快冲进去抱出啼哭的婴儿；遇到流氓闹事，能够见义勇为，主持正义；很遥远的地方受到灾乱了，捐献一点财物表示心意，等等。在这里，慈善就是一种社会公德之心。

更有境界的人，对自己所属的民族、国家，对共生于这个地球的各个种族、各个国家满怀着热情，关心国际国内发生的大事，就像关心邻居发生的事一样。中国女排得了世界冠军，你能不兴高采烈吗？中国足球输了球，你能不焦急不安吗？这是慈善的第三个层次。

大智大意之人，不仅具有上述的三个层次，而且能够超越对具体事物的爱心而上升到对人类命运的终极关怀，能够对漫漫历史之河给予沉静的思索和持久的注视。尽管人的生命有限，但这种大爱者将其爱心融入绵绵不断的生命长河，因而使有限的生命获得了一种永恒的辉煌。

这是真正的生命之爱。大爱者时时刻刻体验到一种难以言喻的热流涌遍全身，体验到自己与自然、与人类的互亲和互爱。

在人类大家庭里，每个人都是其中一分子，爱与被爱、自爱与他爱都是互相的，没有天生的高低贵贱之分。聪明人懂得，爱心是自己的事，是自己生命充实而有光彩的需要。无论是显贵一时还是默默无闻，无论是穷人还是富人，对爱心来说，那又有什么关系呢？

爱心使人善良、明智、聪慧。富有爱心，是人生的一大幸福。

当我们留心身边的一切时，我们就会发现，我们的生活到处都有爱心的足迹，爱心是没有界限的，因而慈善也是没有界限的。

在我们的身边，也有许多充满爱心，并且不分彼此地给予别人的人，他们有的是我们的老师，对待每一个同学就像对待自己的孩子一样，总是充满爱心；有的是我们的朋友，他们对待我们就像对待自己的兄弟姐妹一样，总是关怀不断；有的还是一些匆匆而过的陌生人，他们都在不知不觉中给予了我们爱。

亲人、朋友对自己的重要大家很容易意识到，而陌生人对我们的重要，却常常被人们遗忘了。

没有朋友会很痛苦，而没有陌生人又会怎么样呢？我们吃的饭、穿的衣、坐的车、住的房从何而来？人类怎样形成一个完整而有序的社会？

对一个亲戚和朋友，亲热也罢，宽容也罢，讨好也罢，迎合也罢，都容易做到。付出可以得到回报，付出的是一，得到的回报兴许是二。在这个时候，我们最容易掩盖起自己的本性，掩藏起自己的缺点，专拣对方喜欢的话说，将最好的一面展示给对方看。

对陌生人就完全不同了，一切功利的想法都成了多余，装扮出来的自谦或自傲也没有必要，没有责任也没有负担，想怎样就怎样。这时，最能看透一个人的内心本质，最能检验一个人的修养和品格。

一个陌生人向你问路时，你会热情引导他。

一个残疾人向你行乞，你能够掏出身上最后一毛钱。

一个人挤车时不慎踩了你的脚，你会体谅地一笑。

老人被绊倒在路边，你能够弯腰扶他起来。

要平等地爱任何人，不管是亲人、朋友，还是陌生人，都没有差别，爱陌生人，就像爱你的亲人一样，要做到这一点并不是那么简单的。

有一篇名叫《白色方糖》的文章这样写道：

周末在广九大酒店的“卡拉 OK”里听歌，看到一个 20 岁的女孩走上台去唱。也许心理准备不够充分，旋律响起后，她才唱了开头一句：

“雨潇潇……”

女孩跟不上旋律，非常尴尬，不知所措，再也唱不下去了。

有一个大胆的男孩，从座位上站起，快步走到台上，拿起另一只麦克风，站在女孩的身旁，待乐曲重又过渡到开头的时候，跟女孩齐声唱：“雨潇潇，恩爱断姻缘……”唱了这开头的一句后，他放下麦克风，大方地回到自己的座位上。那个女孩在他的“启动”下，有了信心，拉开了嗓子，大声唱到完。

当时我的心不觉涌出了一种感动。

那一年冬天，我独自走在广州的街上。经过公园前的马路，我正想着心事，忽然听到一声响亮的“喂！”接着被一个小伙子拉了一把。一辆红色“的士”飞快地从我面前擦身而过。我被吓了一大跳。当我定下神来想说声“谢谢你”的时候，那小伙子早已跨上自行车无影无踪了。

后来独自逛街过马路，我总会想起这位面容都未曾记清的陌路人。

从前有一个不快活的老头儿，他常来看我。他的老伴几年前过世了，唯一的女儿也嫁到了美国。他不习惯那边的日子，不愿意去住。他说：“我已是快入土的人了，还企望什么呢？”

这位孤独的老头儿没有任何企望，非常节俭，不喝酒也不抽烟，但唯一喜欢喝咖啡。当我把一块白色方糖投入他的杯盏中，用一只小汤匙不断地搅动的时候，他竟感动得流出眼泪来。

偶尔一个小小的动作，却触发了他的伤感，真是“可怜天下父母心”呵！

以后每每他来看我，我都细心地为他煮咖啡，并且把一块白色方糖放进他的杯中，为他慢慢、慢慢地搅动。我不知道，在这个世界上，在这淡淡的苦味的杯盏中，他是否能获得一点甜意和安慰、一丝儿温暖？

爱，有许多种。人类的血缘之爱是天赋的。陌路人的爱没有血缘性，体现了人对同类的关心，和人之为人——这样一个大家族的亲密和温暖。这就是一种博爱，一种比血缘感情更深刻的东西。它有一种无形的凝聚力，把人类团结在一起。

世上每一个人都需要爱，需要温情，需要帮助。

别人给予我爱，我当把这爱，也给予别人。

这篇文章抒发的情感就是慈善。

3. 人生的目标

根据我个人的观察，对世界上绝大多数人来说，人生一无意义，二无价值。他们也从来不考虑这样的哲学问题。走运时，手里攥满了钞票，白天两顿美食城，晚上一趟卡拉 OK，玩一点小权术，耍一点小聪明，甚至恣睢骄横，飞扬跋扈，昏昏沉沉，浑浑噩噩，等到钻入了骨灰盒，也不明白自己为什么活过一生。

——季羡林《季羡林谈人生》

（人生的意义与价值）

季羡林先生认为，人生在世就要有意义、有价值，然而他发现事实却正好相反。这些成千上万的人之所以觉得人生没有意义，其根本原因就是他们没有人生的目标。

据调查，每 100 个从事高薪职业，例如律师、医生的美国人当中，只有 5 个人活到 65 岁时不必依赖社会保险金。你听到这项统计数字之后，是否大吃一惊呢？不管人们在他们最具生命力的年龄时获得怎样的收入，都只有如此少数的个人能达到可观的经济成就。

大多数人都幻想他们的生命是永恒不朽的。他们浪费金钱、时间以及心力，从事所谓的“消除紧张情绪”的活动，而不是去从事“达到目标”

的活动。许多人每周辛勤工作，赚够了钱，然后在周末把它们全部花掉。

大多数人希望命运之风把他们吹进某个富裕又神秘的港口。他们盼望在遥远未来的“某一天”退休，在“某地”一个美丽的小岛上过着无忧无虑的生活。倘若问他们将如何达到这个目标，他们回答说，一定会有“某种”方法的。

目标是对于所期望成就的事业的真正决心。目标比幻想好得多，因为它可以实现。没有目标，不可能发生任何事情，也不可能采取任何步骤。如果一个人没有目标，就只能在人生的旅途上徘徊，永远到不了任何地方。

正如空气对于生命必不可缺一样，目标对于成功也是绝对的必要。如果没有空气，就没有人能够生存；如果没有目标，就没有任何人能够成功。所以对你想要到达的地方应先有个清楚的范围。

你过去或现在的情况并不重要，你将来想要获得什么成就才最重要。除非你对未来有理想，否则做不出什么大事来。

你不是预言家，但能够用一个简单的问题预测一个人的未来。只要问：“你的人生有何明确的目标？你计划如何达到目标？”

如果你问100个人同样的问题，其中98个人会这样回答：“我要让自己过得好，努力追求成功。”这个答案乍听似乎言之有理，但是仔细一想，你就会发现，真正成功的人都有明确的目标及切实的执行计划；而随波逐流的人一生都将一事无成，充其量只能捡拾成功者的残羹剩饭。因此，你必须在此时此刻定出你的目标，并且制定达成目标的步骤。

几年以前，一个名叫史都德·奥斯汀·威尔的记者写了一个发明家的故事，他从故事中得到启示，下定决心并且成功地改变了自己的一生。

他放弃记者的工作，回学校攻读法律课程，准备做一名专利律师。认识他的人对于这项决定都极为惊讶。他不想当一名泛泛的专利律师，他要成为“全美最顶尖的专利律师”。他把计划付诸行动，凭着这份热忱，他在最短时期内完成了法律课程。

之后，他刻意承办最棘手的案件，很快扬名全国，案件应接不暇，即使收费几近天文数字，他所推掉的客户还是比接办的更多。

一个人只要依照目标和计划行事，就会有很多机会。如果你不知道自己想要什么，不知道自己该何去何从，别人又如何能帮助你追求成功？你必须要有明确的目标才能克服所有的挫折和阻碍。

李·马朗兹是美国各类加盟店的始祖。他知道自己要什么，也知道该怎么做。马朗兹是机械工程师，他发明了一种自动的冰淇淋冷却器，能够制作松软可口的冰淇淋。他希望从美国东岸到西岸开设冰淇淋连锁店，于是拟定计划并且付诸行动，终于梦想成真。

刚开始，马朗兹先提供设备及营运企划，协助别人开设冰淇淋店，这种做法在当时是一项创举。他以成本价卖出冰淇淋制造机，然后从冰淇淋成品的销售额中获得利润。结果呢？马朗兹冰淇淋连锁店如雨后春笋般在美国各地纷纷开业。

如果你想要成功，从今天开始，拟出切实可行的计划之后，立刻把计划付诸行动。你的未来操纵在自己手中，现在就可以决定你将来的成败。

你一定要先确定目的地，并且带好地图，才开车出远门。然而，100个人当中，大约只有两个人清楚自己一生要的是什么，并且有可行的计划达到目标。这些人都是各行各业中的领导者——没有虚度此生的成功者。

奇怪的是，这些人和其他庸庸碌碌的人比起来，机会都一样多。

如果你确实知道自己要什么，对自己的能力有绝对的信心，你就会成功。如果你不知道自己的一生想要追求什么，现在就开始，此时此刻，想好自己要什么，你有几分的决心，何时会做到。

利用以下四个步骤可以达成你的目标：

（1）你把最想要的东西，用一句话清楚地写下来，当你得到或完成你想要的事物，你就成功了。

（2）写出明确的计划，如何达成这个目标，清楚地写出你要怎么做。

（3）订出完成既定目标明确的时间表。

（4）牢记你所定的东西，每天复述几遍。

遵照这几项步骤，很快地，你可能会惊讶地发现，你的人生愈变愈好。这一套模式将引导你与无形的伙伴结合，让他替你除去途中的障碍，带来你梦寐以求的有利机会。持续进行这些步骤，你就不会因为别人的怀疑而动摇自己的信念。

记住，任何事情都不会偶然发生，都一定是有准备的，包括个人的成功。成功者都是下定决心，相信自己会做到的人，成功是切实的行动、谨慎的规划及不懈努力的结果。

一心一意地专注于你的目标，才能确保成功。思考并且规划你想要追求的目标，完全不去理会任何干扰，这就是所有成功的人所遵循的公式。

4. 一个人要有骨头

我认为中国伦理道德中有两点值得提倡，第一点是讲气节、骨气。一个人要有骨头。

——季羡林《季羡林说国学》
（略说中国传统文化及其特点）

宋代著名卜士邵康节有联曰：“唐虞揖让三杯酒，汤武征诛一局棋。”人生的修养有四个层次。体会天地长久不衰的广大德性，效法天地自强不息的健行精神，修养天地清刚浩大的正气，这是第一个修养层次。以天地为法式才显得博大、高明，这是第二个修养层次。不注重我字，不注意私字，这是第三个修养层次。从远处、大处着手，有所作为，有所成就，讲气节，顶天立地。这是第四个层次。

老子说：“故道大，天大，地大，人亦大。域中有四大，而人居其一焉。”人能体会天地之道而存养天地之气，也就是孟子所说的至大至刚，能充满天地的浩然正气。正气在得志时能经天纬地，正气在贫穷时能恪守道义。孔子说：“朝闻道，夕死可矣。”在生死关头，为道而死，就是通常说的气节，也就是杀身成仁、舍生取义、视死如归的节操。

正气不能培养，邪气必然产生。“思则得之，不思则不得。”节操不确立，人格便丧失。这样不是家庭的忤逆之子，就是社会的害群之马。

西汉将军霍去病以“匈奴未死，何以为家”的思想精神，戎马一生，战功赫赫，客死他乡，终年仅 24 岁。东汉班超出使西域，以“不入虎穴，焉得虎子”的英勇气概，沉重打击了匈奴的势力，恢复了西域同内地的密切联系。宋代辛弃疾以“男儿到死心似铁”的不屈意志，在妥协投降派的阻挠、打击下，为收复被侵占的失地奔走、奋战了一生。南宋末年，元军大举南下，紧要关头，丞相文天祥领兵抗敌，不幸于潮阳战败被俘，被押解到大都（今北京）拘禁。在大都，他被囚禁了 3 年，住的是低窄阴暗的土室，受尽磨难，但他顶住了敌人的一切威逼利诱，在狱中写成了《正气歌》，表现出不屈不挠的斗争精神和高尚的民族气节，最后慨然就义。他那千古流传的“人生自古谁无死，留取丹心照汗青”的诗句，至今为人们所吟诵。明代海瑞看到嘉靖皇帝残暴昏庸，黎民苦难沉重，毅然为自己置备了棺木，诀别妻儿亲友，上书直斥嘉靖皇帝。戚继光以“封侯非我意，但愿海波平”的坦荡胸怀和非凡抱负，率军痛剿东南沿海的倭寇，保卫了国疆边防。清代老将关天培，在鸦片战争英军进攻虎门的战斗打响时，将几件旧衣服和几颗脱落的牙齿装入木匣寄回家，以示死战之决心，战场上他亲自上阵搏敌，壮烈牺牲。邓世昌在甲午中日海战中，指挥受伤的“致远舰”开足马力，向敌“吉野”舰撞去，要与之同归于尽。谭嗣同在变法失败后拒绝出走，甘为变法流血牺牲，以“我自横刀向天笑，去留肝胆两昆仑”的正气之歌唤取后来者的觉醒。

这些历史名人都是讲气节的，都是有骨头的。

浩然正气包括壮气、豪气、逸气、清气。

临渊不惧，临危不惊；宁死不屈，宁折不弯；宁抛头颅、洒热血而不失节操；国难当头能愤然而起，危急时刻敢舍身成仁；富贵不能淫，贫贱不能移，威武不能屈。此是壮气。

临风把酒，横槊赋诗；壮心不已，志在千里；天生我材必有用，千金散尽还复来；孟子有云：“如欲平治天下，当今之世，舍我其谁也？”此是豪气。

不以物喜，不以己悲；即使在人生最低谷的时刻，也能沐江山之风月，驾凌波之扁舟，举杯邀月，游目骋怀；不求与日月相始终，只见今世之乐趣无穷。此是逸气。

与自然天地相应合，春虫秋蝉，声声入耳，夏雨冬雪，皆可濯心扉，万物静观皆自得，四时佳兴与人同；见花放水流，能知其乐趣，听禽鸣天籁，可悟其天真。此是清气。

这壮气、豪气、逸气、清气，合在一起，便是君子所应持有的正气，也是一个人所必须具备的节气、骨气。

5. 学会做人

“礼义廉耻，国之四维”。就是说，礼义廉耻是国家的四个支柱。除了这个提法外，古人还提出了“孝悌忠信，礼义廉耻”等说法，意思都差不多。

——季羡林《季羡林说国学》

（略说中国传统文化及其特点）

孔子曾经说过：“如有周公之才之美，使骄且吝，其余不足观也已。”这句话的意思是，即使有周公那样的才能和那样美好的资质，只要骄傲吝啬，那他其余的一切也都不值一提了。季羡林先生也是认同这种立人先立德的主张的。

才能资质属于才的方面，骄傲吝啬属于德的方面。才高八斗而德行不好，圣人连看也不看他一眼。只有德才兼备才是完美的人才。如果二者不可得兼，德是熊掌，才是鱼，圣人舍鱼而取熊掌。

今天我们的用人之道，我们选拔和培养跨世纪的人才，依然应该坚持这个原则。

“德不高则行不远”是历世的做人观，做事首先做人。我们相信，只有品德高尚的人，才能获得真正的成功；只有德才兼备之人，才能与民族一起患难与共，荣辱共担；只有有品行端正的人，国家社会才能健康发展。

德育是整个教育的基础，所以抓教育首先要抓德育，而德育本身也有基础，要抓德育就要狠抓这个基础。所谓“君子务本，本立而道生”。“务本”就是要“抓根本”，也就是抓基础。这里的“本”即做人的根本，务本就是要学会做人，学会做一个有孝悌忠信、礼义廉耻的人。

“教会做人”是当代国际著名教育家所提倡的德育目标。“国际21世纪教育委员会”在其所提出的“教育四大支柱”中明确把“学会共同生活”作为教育的基础。而学会共同生活就是要学会设身处地去理解他人，要与周围人群友好相处，并从小培养为实现共同目标而团结合作的精神。

显然，这里涉及的是伦理道德教育，目的是要建立良好的人际关系。强调要把“学会共同生活”作为教育的基础，就是强调要把教会如何做人的道德教育作为整个教育的基础。

道德高尚的人是有仁爱之心的人，也就是能“泛爱众”、“博施于民而能济众”，即对大众博爱、能为人民大众办事情谋福利的人。

为了使这个高尚的道德目标具体化，以便通过社会教化和自我修养来逐步达到，孟子在继承和发扬孔子的“教人做人”思想的基础上进一步提出了“人格教育”问题。其基本内容是：教人做人就是要教人做一个人格完善的人，道德教育就是人格教育，就是实施“人道”，使人明白做人的道理，明白“人兽之别”，从而逐步完善自己的人格。

孟子指出：“人之有道也，饱食暖衣，逸居而无教，则近于禽兽。”意思是说，如果只讲究吃饱、穿暖、居住安逸而不受教育，人就会失去人格，和禽兽也差不多。为此他在“性善论”的基础上论证了人格教育的基本内涵应为：“仁、义、礼、智、孝、悌、忠、信”八德，这也就是孟子道德教育的基本内容。

这样，孟子就明确地回答了要教育学生做一个什么样人的问题。但是，由于孟子的“性善论”含有唯心主义先验论色彩，其八德并未被后人完全认同。在后世儒家中还有不少学者推崇管仲的“四维”说：“国有四维，一维绝则倾，二维绝则危，三维绝则覆，四维绝则灭。倾可正也，危可安也，覆可起也，灭不可复错也。何谓四维？一曰礼，二曰义，三曰廉，四曰耻。礼不逾节，义不自进，廉不蔽恶，耻不从枉。故不逾节，则上位安；不自进，则民无巧诈；不蔽恶，则行自全；不从枉，则邪事不生”（《管子·牧民》）。这些学者认为可用“礼、义、廉、耻”作为完善人格的标准，即作为道德教育的基本内容。如汉代的贾谊和清代的顾炎武等大学问家均对四维说十分赞赏。

新加坡前总理李光耀在全面总结儒家学说的基础上指出，儒家思想的核心是“忠、孝、仁、爱、礼、义、廉、耻”，并以此八种德行作为新加坡政府的“治国之纲”和新加坡每一位公民都必须具有的道德品质。李光耀的这一英明之举已在新加坡取得极大成功。

孔子还说：“骥不称其力，称其德也。”就是指“对于千里马，不称赞它的力气，要称赞它的品质。”

尚德不尚力，重视品质超过重视才能。这是儒家的人才思想，也是我们今天选拔干部和人才的一个原则。

我们的确可以看到这样的现象：一个人如果品质不好、能力差也就算了，危害还不会太大。恰恰是一个能力非常强、智商非常高的人，如果品质败坏、野心很大，那他所造成的危害就会非常大，有时候甚至会达到致命的程度，断送一个单位、一家公司，甚至于一个国家、一朝江山。

反过来说，一个人品质很好，能力虽然差一点，但他只要虚心好学，提高自己，也就会逐渐有所进步，把事情做得更好一些。

所以，学知识学做事之前要先学会做人。

所以，人才的品质比能力更重要。这是我们在考察干部、选拔人才时不能不遵循的原则。当然，也不能因此而走向另一个极端，忽略人的能力，不尊重知识，不尊重人才。

6. 从现在开始，行动起来

多少年来，我个人有个想法。我觉得，儒家伦理道德学说的重点不在理论而在实践。

——季羡林《我的人生感悟》（漫谈伦理道德）

实践就是行动，季羡林先生认为中国自古以来就有重实践、重行动的传统。

每个人都拥有现在，但真正能够把握现在的人却并不多。所以你就看到了这样一种现象：有些人几十年如一日地停留在人生的起点，这些人刚刚开始创业的时候是什么样子，过了 10 年，再过 20 年你看他，除了岁月的侵蚀在他皮肤上留了一些沟壑之外，他几乎还是原样。

其实，这些人在年轻时，也都有人生美丽的梦想，或者也都制订了自己宏伟的创业计划。然而，随着时光的流逝，他那漂亮瑰丽的创业计划离他越来越远，直至被他淡忘。造成这种现象的诸多原因中有一个非常重要的原因，就是：人天生并不是勤奋的，人类有一种延宕的本性。这种延宕的本性不但会使我们在日常生活中出门误车、上班迟到，而且还会成为我们成功创业的一个巨大障碍。比如这种本能习惯就会使我们常常以诸如“明天”、“下星期”、“将来”这样一些托词使我们把今天的事拖到明天，明天要做的事放到后天，使我们丧失很多成功的机会。

那么，要成功创业，就必须克服这样一种不良的本能习惯。怎么才能克服延宕这一不良习惯呢？最好的办法就是从现在开始，立即行动起来。

“从现在开始，行动起来”可以影响和改变一个人的方方面面。这种心态和习惯能帮助一个人去做他所不想做而又必须做的事，也能帮助一个人克服各种困难，去做自己想做的那些事。这样就能使一个人紧紧地抓住“现在”。而抓住了“现在”也就等于抓住了机会，抓住了“现在”也就意味着抓住了未来，抓住了“现在”和“未来”就等于掌握住了自己人生的方向盘，使自己的人生不至于在成功创业的道路上迷失方向，误入歧途。

有很多人之所以有好的创业计划而不能实现，就是因为不懂“现在”的重要性，就是因为在他应该说“从现在开始，立即行动”的时候，而他却说“明天再做吧！”。

“现在”和“明天”看起来只是在时间上存在那么一点小小的差异，人的一生不知要有多少个 24 小时，损失一两个 24 小时似乎并不重要，这是一些人常常会产生的念头。其实，这种想法是非常危险的。因为“现在”和“明天”并不仅仅是时间上短暂的差异，它是一种观念上的差距。说到底，道理只有一个，掌握了“现在”就等于赶上了成功的快车；而心怀“明天”，就意味着永远也无法做到，意味着成功的快车正在离开你疾驶而去。

现实中这样的教训还少吗？也许你还非常清晰地记得，上学的时候，老师给你布置作业，让你一个星期做完，你会感觉到时间很紧，那么，同样分量的作业让你一个月做完如何呢？你的感觉并无区别，你还会觉得老师就像催命鬼，像讨债似的整天逼着你。按道理讲，给你一个月时间要比一个星期时间充裕了几倍，但你的感觉为什么会完全相同呢？可见问题的关键并不在于时间本身是否充裕，关键在于你是否把“现在”就应该做的事现在就开始做了。

富兰克林说：“把握今日等于拥有两倍的明日。”歌德也说：“把握现在的瞬间，把你想要完成的事物或理想，从现在开始做起，只有勇敢的人身上才会赋有天才、能力和魅力。”因此，只要做下去就好，在做的过程当中，你的心态就会越来越成熟。能够有开始的话，那么，不久之后你的工作就可以顺利完成了。

行动的重要性可谓人皆共知。在大街上你随便拉住一个心智健全的人让他给你讲一讲行动的重要性，他都会不假思索地告诉你：决定是银，行动是金。只有行动，才会有结果；只有行动，创业理想才能实现；只有行动，才能一步一步迫近成功。诸如此类，关于行动重要性的道理，关于创业计划和创业行动的关系，他会给你讲许多许多。

道出行动的意义和重要性是这样地自然、顺理成章，因此并不值得我们为之惊讶。然而，令人吃惊的是当我们把目光扫视人群，就会发现，人群中不同的人对行动有不同的理解，不同的人有不同的行动。有的人之所以有行动，是在形势的逼迫之下，不得已时，才跨出一步半步，这种行动与其说是一种行动还不如说是彻头彻尾的被动；有的人则以积极的姿态时时刻刻积极行动，这种行动，才是名副其实的真正意义上的行动。

成功人士之所以能够成功创业，就在于他们不但懂得行动的真谛，更重要的是他们在创业的时候能够勇敢地迈出第一步，有了好的创业计划和设想就毫不迟疑，立即行动。相反，那些难以成功创业的人往往就是因为缺少这种勇于行动的精神，在很好的创业计划面前裹足不前，从而与人生成功的辉煌擦肩而过。

蔡大明是温州一个知名度相当高的鞋业公司的老板，他有一个弟弟叫大亮，家住在农村。在改革开放之初，兄弟二人凭借南方人特有的市场敏锐力，几乎同时看到了政府的富民政策给国家带来了巨大的变化，人们开始摆脱了过去那种自给自足的生活方式，穿衣戴帽都趋向了商品化。于是，大明和大亮兄弟俩同时决定每人办一个制鞋厂，大明说干就干，他在做出决定后就马上行动了起来，请来了师傅，招聘了工人，买来了机器，采购了原料，不出半个月，大明就把产品推向了市场。而大亮则犹豫不决，行动迟缓，他想先看看大明干的结果如何，然后再做出自己的决定。

刚开始的时候，大明的制鞋厂办得并不顺利，一会儿市场打不开，产品销路不很畅通；一会儿资金出了问题，周转不灵；一会儿财务人员管理跟不上，生产管理很混乱；一会儿工资不能按时发放，工人生产的积极性下降，在厂里闹情绪。总而言之，几乎所有农民企业家创业能遇到的问题大明全遇上了。看到这些，大亮暗自庆幸自己明智，心想多亏自己没有像大明那样立即行动，否则也会像大明一样步履维艰。

但大明并未被困难击垮，凭着顽强的拼搏精神和灵活的头脑，克服了一个又一个困难，在一年之后，他的制鞋厂终于度过了难关，获得了不错的收益。

这时，看到大明骄人的业绩，大亮后悔不已。他经过痛苦的思考，最终还是办起了自己的鞋厂。然而，先机已失，当大亮办鞋厂的时候，全国鞋厂如雨后春笋一样在温州、石狮、青岛、成都等地出现。大明的鞋厂早办了一年，这一年时间为他赢得了众多的客户和市场，而大亮时至今日无较大起色。

上面给大家所举的事例，只是众多成功创业事例中的一个。像这样的事例或许你听说过，或许你亲眼目睹过，亲耳聆听过他们的成功创业理念。他们是如何从事自己事业的，他们是否是一些积极行动的人；他们是否是只讲道理，只做计划而从不行动的人……如果你了解了这些，那么你就知道该如何迈出你成功创业的第一步了吧！

立即行动起来，这是你成功创业过程中每天睁开眼睛时对自己的唯一忠告。

7. 做人要懂礼貌

如果一个人孤身住在深山老林中，你愿意怎样都行。可我们是处在社会中，这就要讲究点人际关系。人必自爱而后人爱之。没有礼貌是目中无人的一种表现，是自私自利的一种表现，如果这样的人多了，必然产生与社会不协调的后果。

——季羡林《季羡林谈人生》

（谈礼貌）

季羡林先生认为，人是社会的人，要融入这个社会，和大家和平相处，必须要懂得尊重他人，要有礼貌。你对别人有礼貌，别人才会对你有礼貌，才能得到别人的尊重和爱戴。

有这样一个故事。

20 世纪 30 年代，在德国的一个小镇有一个犹太传教士，他每天早晨总是按时到一条幽静的小路上散步。不论见到谁，他总会热情地打一声招呼：早安！

小镇上一个叫米勒的年轻人，对传教士每天早晨的问候反应很冷淡，甚至连头都不点一下。然而，面对米勒的冷漠，传教士未曾改变热情，每天早晨依然给这个年轻人道早安。

几年以后，德国的纳粹党上台执政。传教士和镇上的犹太人都被纳粹党抓起来送往集中营。下了火车，列队前行的时候，有一个手拿指挥棒的军官，在队列前挥舞着指挥棒，叫道："左、右。"指向左边的将被处死，指向右边的则有生还的希望。轮到传教士了，当他无望地抬起头来，眼睛一下子与军官的眼睛相遇了。传教士不由自主地脱口而出：早安，米勒先生。

米勒虽然板着一副冷酷的面孔，但仍禁不住说了一声：早安。声音低得只有他们两人才能听到。然后，米勒果断地将指挥棒往右边一指。

传教士获得了生存的希望，而这完全得益于他平日礼貌待人的积累。

礼貌是每个人都必须具备的，老板对员工也应该如此。不要认为自己高高在上，便可以对手下人颐指气使。

有一位老板生意做得很成功，赚了很多钱，但他对员工很严格，甚至很苛刻。当员工犯错时，他常厉声责骂，丝毫不给员工留情面，因此公司里的员工对他都心存畏惧。

一次，老板和家人一起吃晚饭的时候，电话响了。老板接了电话，没讲几句就开始大声地责骂对方。原来是公司的一位经理向他报告没有接到一张订单，他听到这个消息自然是火冒三丈，骂这位经理办事不力，骂罢用力挂上电话。接完电话，老板气冲冲地回到餐桌。他的母亲看到这情景便对他说："你这样对待你的员工是不对的！你不要因为自己的生意做得很大就自认为了不起。你要知道，如果没有那些员工，你只不过是'垃圾堆里的老板'，你自己好好想一想！"说罢便放下碗筷，起身离开饭桌。老板听了母亲的话有些不知所措，他不知他母亲所说的"垃圾堆里的老板"是什么意思。

有一次公司放大假，这位老板想到办公室去处理一些事情。他到了办公室后，发觉办公室空荡荡的，一个人也没有，而且因为没有人清扫，显得有些零乱，和平日整洁明亮的情景大不相同。他想喝杯茶，却发觉自己连烧茶的大水壶也不会使用。开始工作之后，他发现一切是那么的不顺。他一会儿找不到相关文件，一会儿找不到档案，想发封信给客户也没有秘书帮他打字。结果忙了大半天，却几乎没有一件事做得成。这时他突然领悟了母亲所说的“没有那些员工，你不过是‘垃圾堆里的老板’”这句话的含意。他恍然大悟：“原来我生意之所以能够成功，大都是靠我的下属的辛勤工作换来的。并不是我一个人的功劳啊！没有了他们，我怎么会有今天的成就呢？我实在应该把他们看成是我的宝贝才对啊！”

这位老板自从体会了这个道理之后，渐渐改变了以往对待员工的苛责、刻薄，代之而来的是对员工的鼓励、信任，并提高了员工的福利。员工们感受到老板明显地改变后，除了惊讶之外，为了回报老板，无不加倍努力，结果公司的业绩更上一层楼。

礼貌对于一个人来说至关重要，它不仅可以使老板获得员工的信任，而且对于一生的成败得失都有着很大的影响。反之，没有礼貌的人不仅事情处处不顺，有时候还可能毁掉一生的幸福。

清代的康熙皇帝，青年时励精图治，做过不少大事。到了晚年时，年纪大了，头发也花白了，牙齿已松动脱落，这本是人生的自然规律，但他人老不服老，听到人说他“老”就不高兴，所以左右的臣子深知他的心理，特别忌讳说“老”一类的字眼，从不在皇上面前触这个霉头。康熙皇帝为了显示自己还年轻有活力，常常率领皇后、妃子们去猎苑猎取野兽，在池上钓鱼取乐。

人总是有自尊心的，总希望受到别人的尊重，人人都不愿意人家触及自己的憾事、缺点、隐私和使自己感到难堪的事，这也是一般人所共有的心理。因此在现实的交际生活中，一定要有礼貌，要注意尊重别人，交谈时千万不要涉及别人所忌讳的问题，不然就会使人际关系恶化，导致交际的失误。在生活中这样的失误真是不少。

有一位从小双臂残疾的画家靠自己的努力练出用脚指头夹笔写字作画的本领。他的画被选送到国外展出，一位记者采访他时竟唐突地问：“你是靠脚指头成名的，那么我问你，是脚有用还是手有用？”这一问使得那个画家十分恼怒，反问：“维纳斯雕像是以断臂出名的，你说她是有胳膊美还是没胳膊美?”问得那记者瞠目结舌，采访也随之失败了。

俗话说得好，“矮子面前莫说矮”，别人有生理上的缺陷，或者家庭不幸，或者自己在为人处世方面有短处，心里已经是够痛苦的了，不能再雪上加霜了。碰上这些情况都应该加以避讳，不能“哪壶不开提哪壶”，不然伤害了别人不说，别人也不会轻易放过你的，到头来只能是两败俱伤而已。

做人要懂礼貌，懂得理解别人，尊重别人，尽量避免给别人带来不愉快。这样，你才能处理好人际关系，你自己才会有一个愉快的心情，事业也因而能顺利发展。

8. 摒弃诱惑，做人要保持晚节

在今天的国势日隆，人民生活迅速提高的大好形势下，保持晚节的问题还有什么现实意义吗？有，而且很迫切。一些曾经出生入死为人民立过大功的人，一旦晚节不保，立即堕落为人民的罪人，走上人民的法庭，这样的例子还少吗？我们每个人都要警惕。

——季羡林《病榻杂记》

（周作人论——兼及汪精卫）

中国历史上有许多地位很高的人，诸如宰相、大臣等，年纪大了，告老归乡以后，往往自称“括囊无咎”。所谓“括囊无咎”，不是说“括”一批钞票，自己口袋里装起来，不出毛病。“括囊”是把口袋的口收紧的意思；“无咎”指不会出毛病，同时也有“无誉”的意思，也就是说，既不被人毁谤，亦得不到别人恭维。

所以，中国古代的读书人一般都讲修养，讲人生，自己做一辈子事业，最后告老还乡，检讨一下自己，没有毛病。既然已经平安退回来了，就要往事不讲，旧事不提，老老实实等着“寿终正寝”，即“英雄到老皆皈佛，宿将还山不论兵”。这就是我们所说的“保持晚节”。

这个现象在古代十分普遍，把自己嘴巴闭起来——括囊，既无咎，亦无誉，慎重到了极点，只有好处，没有害处。季羡林先生由古论今，指出了即便是人民生活水平迅速提高的今天，保持晚节仍然是一个具有现实意义的问题。他认为，晚节不保大多缘于人们的欲望膨胀，所以应该从一开始就要有意识地增强自控能力，不要被各种诱惑拉下水。

曾经有一位领导干部对高空作业的工人说："我们的工作有个共同点，都是位高而不头晕。"诙谐的语言道出了"清清醒醒为官、明明白白做人"的重要性。然而，一个人面对金钱、权力、地位、美色等形形色色的诱惑，要耐住寂寞、守住清贫，是很不容易的。要做到"头不晕"，在季羡林先生看来，关键在于在日常生活和工作中做到慎微、慎欲、慎终，进而严于律己。

现在有些干部把吃请一顿饭、喝一瓶酒、拿盒茶、拿条烟当作是无伤大雅的"小节"，认为只要不犯大错误，不搞大腐败，犯点小错误，得点小实惠，组织也会宽容、原谅。其实，任何人都不应该有"下不为例"的侥幸心理和"见好就收"的投机心理。俗话说"小洞不补，大洞吃苦"、"千里之堤，溃于蚁穴"，不少原本优秀的领导干部之所以变得贪赃枉法、腐化堕落，往往是从吃一顿"便饭"、进一次舞厅、收一回"红包"等"小节"开始的。因此，要警惕"小节"潜移默化的腐蚀作用，从生活中一点一滴的"小节"入手，严于律己，避免由"小节"而演化成大问题。

有道是"壁立千仞，无欲则刚"，有些人在急难险重的任务面前敢打敢拼，但面对功名利禄却心乱神迷；平时知书达理温文儒雅，但一涉足灯红酒绿的场所就成了"迷途的羔羊"。季羡林先生认为，之所以会有这种情况出现，都是"欲望"捣的鬼。

欲望是个无底洞，《劝戒全书中》说："欲不除，如蛾扑灯，焚身乃止；贪无了，若猩嗜酒，鞭血方休。"因此，应牢固树立正确的人生观、利益观和价值观，自觉抵制灯红酒绿和各种腐朽思想文化的侵蚀，遏止私欲膨胀。在工作中不以"利益"为标准，不能盯着"荣誉"、"位子"来干工作，要淡泊名利，保持心态平衡。在生活上守住清贫，不贪图安逸和享受，洁身自好，不断强化思想道德修养。

毛泽东同志曾说过："一个人做点好事并不难，难的是一辈子做好事。"可见，做事业作贡献，难在坚持到底，贵在坚持到底。有些人之所以在临近退休或离任的关头心理失衡、晚节不保，没有站好最后一班岗，就是因为认为年龄到杠、职务到头，“有权不用、过期作废”，开始想捞点“实惠”，结果不仅给国家造成损失，自己也身败名裂。

今天，最容易使人失去自我的东西是财、官、色、味。为了口腹之乐不惜盗用公款，为了声色之娱可以丧心病狂，为了金钱可以出卖肉体，为了当官更可以出卖良心。这些人弄到了官、财、味、色，还以为自己有所得，脸上浮现着一副得意的神情。其实，这与被卖掉装在笼子里的猴子没有什么两样，笼子里的猴子虽然有吃有穿，但我们仍然可怜它被出卖。如今，他们出卖了自己换来金钱地位，不仅不知道可怜自己，反而还飘飘然起来。

当然，季羡林先生并不是要把精神文明与物质文明对立起来，他希望人们能够丰衣足食，建立内在宁静恬淡的生活方式，而不是外在贪欲的生活。一个人越是投入外在的漩涡里，越会产生自我疏离感，心灵则会日益空虚。现代文明高度发达，许多人只求声色物欲的满足，价值观、道德观严重扭曲，最终导致晚节不保，本来可以“流芳百世”，却弄成了“遗臭万年”，实在令人可惜。

人是不能太贪的。思想家荀子认为“人生而有欲”，如“饥而欲食，寒而欲暖”等，就是人基于生理需要而产生的生存欲望，是生来就有的；另外，人还有乞求物质与精神享受的欲望，“余财潜积之富”，即聚财致富的欲望等等。对于人的自然的、合理的欲望，荀子主张“制礼义”加以调节，并通过自己的辛勤劳作，以使欲望得到一定程度的满足。同时，荀子还指出，人往往由于“好利”而使欲望“穷年累世不知足”，因而他强调：“欲虽不可去”，但“求可节也”，意思是说：虽然我们不能禁止欲望，但对于过度的、乃至贪得无厌的奢求却必须要加以节制。

“世人都说神仙好，唯有功名忘不了。”人人都想活得潇洒一点、轻松一点、快乐一点，但有些人终其一生也潇洒不了、轻松不了、快乐不了。他们被什么东西拖住了、缠住了、压住了，这东西就是功名利禄。功名利禄成了人生的境界，似乎功名愈厚，人生也愈美妙滋润。其实功名利禄是一副用花环编织的罗网，只要你进去了，你就无法自在与逍遥。没有功名利禄，想得到功名利禄；得到了小的功名利禄，还想得到更大的功名利禄；得到了大的功名利禄，又害怕失去功名利禄。人生就在这患得患失中度过，哪里品尝得到人生的甘美清纯滋味呢？世人只知道功名利禄会给人带来幸福，殊不知功名利禄也会给人带来痛苦。

老子说，万事万物没有贪欲之心了，天下便自然而然达到稳定、安宁。所以，戒贪戒诈，保持内心世界的宁静，是一种很高的精神境界和人生修养。如果面对“灯红酒绿”、物欲横流，能够保持平静的心态，甘于淡泊，出淤泥而不染；面对一部分人先富起来，能够保持平衡的心态，神闲气安，坚持默默无闻的奉献；面对人生的各种逆境，能够保持平常人的心态，做到宠辱不惊、去留无意，这样一来，就会保住晚节，从而也使自己得到真正的幸福、持久的幸福、纯粹的幸福。

古语说：“财色之取，譬如小儿贪刀刃之饴，甜不足一食之羹，然有截舌之患也。”意思是说，财色对于人而言，就像小孩把刀刃放在嘴里，得到的好处微乎其微，但却有大的祸患。明白了这个道理，就不难摒弃诱惑，保住晚节了。

春秋时宋国有个贤人叫子罕，官至辅政，他平时很喜欢收藏玉器。于是，国中就有人拿了一块硕大的美玉献给他，可是子罕不接受。献玉者问道：“你为什么不要这块玉呢？这是件玉匠鉴定过的宝物，价值连城啊！”子罕回答：“我以不贪为宝，而你以玉为宝，我们俩应该各守其宝。请你把玉拿走吧。”

平心而论，子罕在见到美玉的时候不一定丝毫不动心，但他明白“拿人手软，吃人嘴短”的道理，他可能因此而丢掉自己的乌纱帽，甚至是脑袋，两相一比较，美玉就显得无足轻重了，因此他能够保住晚节。

对手握大权的人而言，诱惑实在太多了，欲望也实在太多了。如何抵御种种诱惑？老子说得好，“见欲而止为德”，“邪生于无禁，欲生于无度”。当官掌权若忘记了世界观的改造，忘记了清正廉洁，忘记了执政为民的道理，难免心生邪念。而“疾小不加理，浸淫将毁身”，到头来就可能出大事，栽大跟头。当权力变成一个工具、一个为满足自己欲望的工具、一个为所欲为的工具的时候，带来的并不是幸福。这种把持权力的人，或许能够得到一时的满足感、获得一时的快乐、获得物质上的富有，但最终必然像季羡林先生说的那样：堕落为人民的罪人，走上人民的法庭。

人生在世，难免要与功名利禄、荣辱得失打交道。老子说："吾所以有大患者，为吾有身，及吾无身，吾有何患。"老子从"贵身"的角度出发，认为生命远贵于名利荣宠，要清静寡欲，一切声色货利之事，皆无所动于衷，然后可以受天下之重寄，为万民所托命，从而也能够使自己落得个善始善终。

第三章

勤于耕耘，不问收获
——获得成功的法则

1. 勤奋是通向成功的捷径

至于勤奋，一向为古人所赞扬。囊萤、映雪、悬梁、刺股等故事流传了千百年，家喻户晓。韩文公的“焚膏油以继晷，恒兀兀以穷年”，更为读书人所向往。如果不勤奋，则天资再高也毫无用处。

——季羡林《季羡林谈人生》（成功）

季羡林先生非常注重勤奋，对历史上那些异常勤奋的人极其推崇，他认为与天资相比，勤奋更为重要。事实上，季羡林先生自身也证明了勤奋对于成功的重要。

勤奋是通向成功的最短路径，也是实现梦想的最好工具，无论是在富裕还是贫困的环境中，只要肯勤奋做事，付出努力，就一定会有收获，因为天道酬勤。

勤奋工作往往能使你脱胎换骨，那些出类拔萃的人物，都是将勤奋当作金科玉律的人士，再也没有什么比做起事来磨磨蹭蹭更能阻碍一个人成功的了——它会分散一个人的精力，灭失一个人的雄心，使人只能被动地接受命运的安排，而不是主动地去主宰自己的生活。

如果把对社会毫无价值的人当作死人，而只有当他们对别人有价值时才把他们看做是活着的。这样的话，有的人实际上20岁才出生，有的人则是30岁，有的人则是60岁，而有的人直到离开人世都没有真正生活过。

理查德·科布登是萨斯克斯的米德哈斯特一位农民的儿子。年纪很小就被送往伦敦，在该市一个仓库受雇为童工。他是个勤奋、行为规矩的孩子，渴望了解更多的知识。他把从书本中获得的知识财富贮藏在心里。很快他获得提升，从一个仓库管理员到旅行推销员——他从中建立起了大量的关系网络，这为他以后下海经商奠定了基础。最终，他从在曼彻斯特当一个印花布漆工开始了他的商业生涯。

由于科布登对公共事务颇感兴趣，尤其是对大众教育情有独钟，他的注意力逐渐地被有关公务法的问题吸引过去了。为了废止该项法律，可以说他是把自己的财富和毕生精力都奉献进去了。值得一提的是，他首次在公众面前发表的演讲彻头彻尾的失败了。但是，由于他具有非凡的毅力恒心、实干精神和充沛精力，随着坚持不懈的努力和实践，他终于成为当时公共演说家中最具说服力和最具震撼力的人之一。就连一向不苟言笑、在赞扬别人方面吝啬有加的罗伯特·皮尔爵士也不得不对科布登的演讲抱以赞美："他是那些出身社会最底层的贫寒之士，通过发挥自己的价值和个人的服务才能而跻身社会公共生活中，受人尊敬的上层地位的人士中最完美的一个例子。最终，这么一个举世罕见的坚定品格的例子，在英国人的性格中承传了下来。"

个人奋发向上的辛勤实干是取得杰出成就所必须付出的代价，任何一种杰出成就都必然与好逸恶劳的懒惰品行无缘。正是辛勤的双手和大脑才使得人们富裕起来——在自我教养、在智慧的生长、在商业的兴旺等方面。

即使一个人出生于富贵之家，他们个人要想获得稳固的社会声望的话，也得靠不知疲倦的实干才能成功。因为，虽然几英亩的土地可以传承给后代，而知识和智慧却无法传承！富裕之人也许可以雇佣别人为他们干活，但却不可能通过别人来获得任何形式的自我教养的成果。

勤奋不仅是一种人生态度，更是一种能获得不断成功的精神，只有勤勤恳恳地付出心血，才会换来真正的人生不败。一生之计在于勤，而一个成功人生的关键，更在于勤奋努力，我们应该用有限的时间努力地去做一番事业。因为生命是虚无而又短暂的，它在于一呼一吸之间，在于一分一秒之中，它如流水般消逝，永远不会复回。珍惜你的时间，珍惜你的生命。而只有不懈的努力，辛勤的劳作，才能让你的时间充实，才能让你的生命变得有意义，才能走向成功。

2. 热情是成功的原动力

把成功的三个条件拿来分析一下，天资是由“天”来决定的，我们无能为力。机遇是不期而来的，我们也无能为力。只有勤奋一项完全是我们自己决定的，我们必须在这一项上狠下工夫。

——季羡林《季羡林谈人生》

（成功）

季羡林先生认为，对于成功来说，勤奋是我们可以把握的，可以在这一项上狠下工夫。这就指出了人的积极性与能动性。但一个人勤奋工作的前提是，他必须具备充足的热情，否则，每天处在情绪低落的状态下，勤奋又何从谈起呢?

有非常多的人这么说：“成功开始于想法。”但是，只有这样的想法，却没有付出行动，还是不可能成功。你必须研究成功者每一天都在做些什么，他们到底做了哪些跟你不一样的行为。假如你可以如法炮制他们的方法，那么，你一定会成功。

一个业务员要成功，必须拜访非常多的客户，如果他不知道最顶尖的业务员一天拜访多少个客户，那么他根本就没有成功的机会；如果他无法付出顶尖业务员所做的行动，他就无法提高成绩。

成功的人永远比一般人做得更多，当一般人放弃的时候，他们找寻下一位顾客；当顾客拒绝他的时候，他问他们："你到底要不要买？"当顾客不买的时候，他再问："你为什么不买？"

他们总是在找寻如何自我改进的方法，以及顾客不买的原因；他们永远在不断地改善自己的行为、态度、举止和自己的性格；他们总是希望更有活力，产生更大的行动力。

你是否对自己目前的工作感到不满，常常发出怨言，工作上似乎达不到自己的要求，恨不得今天有路今天走，远离这个令人讨厌的工作环境呢？

工作有些是为了理想，有些是别无选择，而我们总是期望一切都在自己的选择范围内，但是，有些时候，难免会在不得已的情况下做了决定。既然如此，与其抱怨，不如接受，毕竟"接受"比"抱怨"来得积极。

美国哲学家、散文家及诗人拉尔夫·沃尔德·爱默生说过："没有热情，任何伟大的业绩都不可能成功。"

不管是什么样的事业，要想获得成功，首先需要的就是工作热情。

曼狄诺在《世界上最伟大的推销员》一书中就表达了这样的思想。他写道：

我永远沐浴在热情的光影中。

热情是世界上最大的财富。它的潜在价值远远超过金钱与权势。热情摧毁偏见与敌意，摒弃懒惰，扫除障碍。热情是行动的信仰，有了这种信仰，我们就会无往不胜。

我永远沐浴在热情的光影中。

一时的热情容易做到，把渴望的心思保持一天或者一周也不太难。但是我要做的是，养成习惯，使热情时常陪伴着我。热情是对工作的热爱。我不需要了解它，我只要知道它使我的身体健康，使我的头脑充实。

随着我的努力，热情将会变成一种习惯。首先我们养成习惯，然后习惯成就我们。热情像一辆战车，带我奔向更加美好的生活。我在微笑中期待美好生活的来临。

我永远沐浴在热情的光影中。

热情可以移走城堡，使生灵充满魔力。它是真诚的物质，没有它就不可能得到真理。和许多人一样，我曾一度以为生活的回报就是舒适与奢华，现在才知道我们热望着的东西应该是幸福。就我的未来而言，热情比滋润麦苗的春雨还要有益。

今后，我所有的日子都将与以往不同。我不再把生活中的付出当作辛劳，因为这样一来，工作便是迫不得已的苦差，伴随着无休无止的忍受。相反，让我忘记生活的艰辛，用旺盛的精力、充分的耐心和良好的状态去迎接每天的工作。有了这些素质，我将远远超过以往的成绩，时间飞逝，热情不绝，我一定会变得对自己和对世界更有价值。

我抱定这样的态度，那么一切都将变得无比美好。

我知道，没有衣食住所，生活不会幸福；但是当这一切都应有尽有的时候，生活仍然不会幸福。一条小溪，最大的优点在于不断流动，一旦停下来，就成为一潭死水。对我而言，最好的事情莫过于让自己处于不断的变化中。很少有人意识到，他们的幸福正是建立在工作的基础之上，取决于他们是忙碌辛苦还是静止不前的事实。幸福的第一要素就是有所作为。

做任何事情，我将尽最大努力。

我不再拒绝前行，也不再懒于付出。

从此，我将以全部的精力投入工作——不仅要完成计划中的任务，而且还要多做一些。如果我遭受苦难，正像我经常会有的命运，如果我怀疑我的努力，正像我常常想的那样，那么我仍要坚持工作。我要将整个身心倾注在工作之中，那时，天空将变得格外晴朗，在困惑与苦难中，生活中最大的快乐即将到来。

让我遵循这条特殊的成功誓言：做任何事情，我将尽最大努力。

3. 使事业成为喜悦

我并不是为活着而活着。活着不是我的目的，而是我的手段。前辈学人陈翰笙先生，当他一百岁时人们为他在人民大会堂祝寿的时候，他眼睛已经失明多年，身体也不见得怎么好，可是，请他讲话的时候，他第一句话就是："我要工作。"全堂为之振奋不已。

——季羡林《阅世心语》

（九三述怀）

"生活的最高境界之一就是使事业成为喜悦，使喜悦成为事业。"许多成功学大师对此都有同感。

罗素更明确指出："我的人生正是：使事业成为喜悦，使喜悦成为事业。"

英国的狄斯雷利说："行动并不总是带来幸福，但不行动就没有幸福。"

法国的纪德说："获得幸福的秘诀，并不是为追求快乐而竭尽全力，而是在竭尽全力之中寻到快乐。"

爱你的工作，如果你悉心去做某桩事情，你决不会一无所获。不论你的收获是不是值许多钱，但你会过得很快乐，而这份快乐是没有人能够夺去的。

日本的水泥大王浅野一郎，23 岁从乡下来到繁华的东京时，看到有人用钱买水喝，感到很奇怪，水还用钱买吗？面对此情，有的人会这样想：东京这个鬼地方，连用点水都要用钱买，生活费用太高了，怕难以久居，还是离开东京吧。可浅野一郎并不这么想，他从这件事中看到了生机：东京这地方，连水都能卖钱。他一下子振奋起来，从此开始他的创业生涯，后来终于成为日本的水泥大王。

这就是一位乐观主义者的态度。乐观主义是建设性的力量，乐观主义对人就像太阳对植物一样重要，乐观就是心中的太阳，这种心灵中的阳光构筑生命、美丽，促进它范围所及的一切事情的发展。我们的心理能在这种心灵阳光的照射下茁壮成长，正如花草树木在太阳照射下茁壮成长一样。

一群因地震被埋在废墟下的人们，各人的心态决定他们是否能在被困情况下顽强地生存下去，直到营救队到来。那些将所处境地视为绝境的人因意志崩溃而导致体内能量系统不能有效工作，身体机能逐渐丧失，在缺水缺食物的情况下，这将是他们迅速走向死亡的主要原因。而那些意志坚强，坚信光明终究会到来的人，体内会制造出永不枯竭的生命能量，帮助他们渡过难关。这就是乐观给他们提供的力量，它大到足以支撑整个生命。

乐观还能使我们产生超越常规思维的创造性灵感。曾经看到过这样一则故事。

总经理叫来两位业务员，叫他们去非洲国家考察，以准备在那些国家拓展鞋市场。两个人到了一个非洲小国，看到的情景是一样的，这里的居民都光着脚，他们从来不用穿鞋子！两位业务员结束工作，回到本国向总经理汇报工作。第一位业务员的调查报告里只有两行字“该国居民没有穿鞋习惯，在此拓展鞋市场毫无希望”。第二位业务员却写了十几页拓展计划书。他认为：该国居民没有穿鞋，在该国拓展鞋市场将不会遇到任何竞争对手，这里的市场空间极其广阔！可想而知，总经理对后者的报告非常满意，后来委以重任，使他在非洲市场上大展拳脚，成为公司的骨干成员。

我们要懂得利用乐观主义这一心灵的阳光，只有它才能为我们照亮光明的前途。只有乐观的心态才能吸引那些与成功体验相关的思想。如果你想吸引财富，就不应该继续想着贫穷；如果你想吸引健康的体魄，就不应该想着疾病的身躯；如果你想获得事业的成功，就不应该把工作当成一种苦难。

4. 正确对待机遇

我认为，“机遇”（在一般人嘴里可能叫做“命运”）是无法否认的。一个人一辈子做事，读书，不管是干什么，其中都有“机遇”的成分。我自己就是一个活生生的例子。

——季羡林《阅世心语》

（勤奋、天才〈才能〉与机遇）

对于成功，季羡林先生肯定勤奋的同时，也肯定了“机遇”的重要性。对于机遇，我们不仅要等它到来的时候牢牢抓住，而且要学会主动出击，为自己创造机遇。

美国一家著名的牙膏公司有一位小职员，每次他给客户开票据、投寄信函乃至自己个人消费签发支票、签收邮件时，总在自己的签名下方写上公司的名字和“每支两美元”的字样。他因而被同事们戏称为“每支两美元先生”，他的真名反倒没有人叫了。

公司的董事长知道这件事后，感到很奇怪：“居然有职员能从这么小的事情入手，努力宣扬公司的声誉，我可要见见他。”于是他邀请小职员一起共进午餐。他们谈得很投机。不久之后，小职员得到了提拔，并一步步成为高级职员，后来董事长因为年老而卸任时，推荐小职员做了他的继承者。

小职员做的事情谁都可以做到，但只有他一个人去做了，而且坚定不移，乐此不疲。嘲笑他的人里头不乏才华、能力在他之上的，但他们不屑于如此去做。最终，成功的归属说明了问题。也许有人认为这纯属偶然，可是，又有谁敢说偶然之中不包含着必然呢？

“知至至之，可与言几也，知终终之，可与存义也。是故居上位而不骄，在下位而不忧，故乾乾因其时而惕，虽危无咎矣。”（《周易·文言》）这里是说，人最高的智能要做到对自己、对人、对事，知道机会到了，要把握机会，应该做的就做。

“知至至之”，时机到了便做，则刚刚好，就“可与言几也”。什么是“几”？就是机，未卜先知，就是知这个几？等于看电视，手刚搭上开关，在即开未开之间，那一刹那就是几，要有这样恰到好处的高度智能，看准了，时间到了，应该做就做，对了便可改变人生的历史。

“知终终之”，就是看见这件事，应该下台的，就“下次再见，谢谢!”立即下台，永远留一个非常好的印象在那里。但这个修养很难做到的，孔子、老子都是这个思想。老子说的“功成、名遂、身退”，就是知终终之。

但“知终”的“知”很难，如懂了这个道理则“居上位而不骄”，虽然坐在最上的位置，也不觉得有什么可骄傲的，这如同上楼下楼一样，没有永远在楼上不下来的；那么在下位也无忧，因为时代不属于自己的。所以人生随时随地要了解自己。

人的一生中，幸运女神至少光临过一次。当她发现你没有准备好迎接她时，她便从门进来，从窗子出去了。

希腊大学者苏格拉底带领弟子们来到一块麦地，要他们去采摘一株最大的麦穗，并且只准前进不准后退，弟子们听明白后，就去采摘麦穗，他们一会儿看看这株、一会儿看看那株，总不满意。不知不觉，他们走到了尽头，双手空空如也，这时他们才恍然大悟，失去的机会不会再来。

面对机遇，我们该怎么做呢？有的人是主动寻找机会，他决不会错失良机；有的人则不能做出准确判断，总觉得机会多，错过一次没什么，结果一次又一次错失良机；还有的人整天只知道坐在家里想入非非，没有实际的行动。机会只会降临到那些有准备、会把握的人身上。因为他们知道，抓住眼前的机会是最关键的。

再想想自己吧，虽然有着远大的理想和追求，并常把它挂在嘴边，可落实到行动上，却与想的有着天壤之别，没有认真对待每一件事情，脚踏实地过好每一天。这样看来，追求尽管很高远，那也不过是空中楼阁、海市蜃楼而已，机会肯定与你无缘。

成功有很多种因素，不仅靠聪明，还要有机遇。聪明能干是必备条件，机遇也是很多人强调的。成功者谦虚地说自己幸运，失败者不服气地诉说机遇不公。机遇到底是怎么回事？机遇是均等的，关键是你怎么把握住它。你可以利用机遇，但不可拥有机遇。

人的一生充满着大大小小的障碍，逆境也好，顺境也好，人生就是一场与种种困难的斗争，一场无尽无休的拉锯战。巴尔扎克说过：“人类所有的力量，只是耐心加上时间的混合。所谓强者，是既有意志，又能等待时机的人。”

“智者无悔”、“勇者无限”，当机遇来在你面前，你是否有智能识别，有勇气面对它呢？你是否是一个有准备的人？一个勇者的自信心是其获得成功的关键。有自信和自我感觉良好，才不会错过良机。此外，在当今社会，“出奇制胜”者要比“循规蹈矩”者更幸运。

5. 锲而不舍，金石可镂

我看到有一些学者，在某一个时期集中精力研究一个问题，成果一出，立即罢手。我不认为这是正确的做法，学术问题，有时候一时难以下结论，必须锲而不舍，终生以之，才能得到越来越精确可能的结论。

——季羡林《季羡林谈治学》

（抓住一个问题终生不放）

季羡林先生认为，成功必须要有一种锲而不舍、终生以之的精神，做学问如此，做人做事更要如此。孟子曰："有为者辟若掘井，掘井九轫而不及泉，犹为弃井也。"做事情半途而废，没有坚持到底，实际上和没有做过是一样的。

美国的一家著名的管理研究机构进行了一次大规模的调查，通过对10万从业者的调查研究发现，那些专心于自己的工作和事业的人更容易取得成功，而那些经常转换工作或变更人生目标的人，则大部分发展得并不尽如人意。

对工作和事业的专注是一个优秀人才应具有的起码职业道德。因为只有毅力和专注才可以改变一个人的现状，使他一步步到达辉煌的顶峰。相反，那些"这山望着那山高"的人，功亏一篑便是他们最终的归宿。

在工作或者开创事业的过程中，人们总会遇到许多困难和棘手的事情，要想取得成功，就离不开脚踏实地、专注向前的精神。只有在工作中全神贯注，你才能够越过重重障碍，也才能发挥出你所具有的一切长处，并且最大限度地调动起自己的潜能，向着成功的目标迈进。否则的话，即使成功来到了你的面前，你也会与它擦肩而过。

我们可以把自己比作是一个烧水工，现在有太多的人不能够把一壶水烧开，很多人都是烧到60℃就撒手了。还有不少的人是这壶水没有烧开，又跑去烧别的壶。这些人本来是很有才华、可以有些作为的。可是到了最后却一事无成，究其原因就是因为缺少把一壶水烧到底的专注精神！

苏格兰有句谚语："再好的猎犬也不可能同时追两只兔子"，说的也是一个人需要专注地来做每一件事情的道理。我们要想做一件事情，首先要定位，看看自己到底有什么过人之处，看自己到底有什么潜能，至少应该看看自己的兴趣何在。常常有这样的情况，一个太过优秀的人，总是认为壶壶水都值得烧，壶壶都可能烧得开。这样见异思迁，终究一事无成。

这样的例子太多了。成功者都是为了自己的目标，坚持不懈，都有一股不达目的不罢休的良好心态，德摩西尼是这样，林肯是这样，爱迪生也是这样，莱特兄弟更是这样，但凡有所成就的人，都具备这样一种良好的心态。

荀子曰："锲而舍之，朽木不折，锲而不舍，金石可镂"，雕刻东西，如果半途而废，即使是腐烂的木头也不能刻断；如果不停地刻下去，就连金属和石头都能雕空。坚持就有着这么大的作用，只要能坚持，什么事都可能成功。

德田先生在日本大阪大学附属医院就诊时，确定了要上大阪大学医学系学习的目标。这一目标定下来之后，他就立刻付诸实践。

德田是个认准了目标就勇往直前的人，大阪大学医学系毕业以后，他当上了医生。在医院工作期间，德田对医疗界的弊端感触尤为深刻。他认为要想改革日本医疗事业的现状，就必须建立不受宗派势力支配的新型医院，并以此体现医疗的真正作用。

1971年1月，德田先生开始有了正式创办医院的设想，目标一定下来，他就立刻行动起来。他既没有资金，也没有抵押品和保证人，一切都要从零开始。但是，德田先生并没有被困难吓住，而是以顽强的毅力坚持了下来，并开始了奋斗。

德田不仅从数字上掌握了大阪的单位人口与诊疗所及病床的比例、急救车的市郊出动率、住宅患者的循环周期等实际状况，而且还认真地听取了居民的呼声。通过详细的调查，他发现大阪府管辖的松原市与大东市是医疗网点最稀少的两个地区。

最后，德田把交通较为方便的松原市定为第一院址，并开始征寻地皮。为此，他利用值夜班后的休息日和下班后的时间到处奔走。到了5月份，他在靠近铁南大阪线的河内天美车站的对面找到了一处非常实用的地皮。这不是准备出售的土地，而是一块卷心菜地。它位于铁路沿线，而且离火车站很近，人们在火车站就可以看见这个地方。土地的主人通情达理，愿意把土地卖给德田建医院。可是，德田连买地的定金都没有，现在最紧要的问题就是筹措资金。

在德田的建院计划里，地皮、建筑、设备、医疗器械等在内，所需资金总额为1.6亿日元。可是德田既没有私人资金，也没有可抵押的东西，连个有钱的保证人也没有。

如果贷不到款，即使那块地的主人愿意卖地，一切还将化为泡影。德田从这家银行跑到那家银行，四处奔波。可哪家银行都不愿为他贷款。德田深感徒劳，但他抱着一线希望详详细细地拟定了一份建院所需资金的收支计划。

德田觉得，既然大银行不屑于他的计划，那么新设的支行业务较少，说不定会感兴趣。皇天不负有心人，他终于找到了一家似乎有点指望的支行。

德田立即把建院的收支计划递了过去。在他的计划里不仅注明了单位人口所需床位数，包括现有床位数、不足床位数、外地患者住院人数，还注明了请求保险菜单的单价、设备、偿还等筹款项，连当地居民的生活状况也写得详细具体，就是银行调查也没有这么详细的。

对于德田那份详尽的资料，银行方面感到非常惊讶。因为他们所需要的各种数据，在德田那份精心准备的计划里，可以说是应有尽有。最终，银行决定投资，关于贷款的交涉进展得颇为顺利。到了年底，德田终于得到了购买地皮用的1800万日元的贷款。

毫无疑问，德田先生是一个极具毅力的人，正是这种毅力促使他取得了事业上的成功。锲而不舍的精神和善于安排行动计划的能力对个人成功都是非常重要的。缺少这种精神和能力，纵使你的目标再好，最终也难以达成。

6. 良好的习惯是成功的阶梯

如果有一天我没读写文章，清夜自思，便感内疚，认为是白白浪费一天。习惯成自然，工作对我来说已经成了痼疾，想要改正，只有等待来生了。

——季羡林《牛棚杂忆》

（季羡林自传）

对于每个人来说，智力是天生的，它就像身高一样与生俱来，很难更改和提高。但是，你完全可以在好习惯的帮助下，提高个人的学习能力，获得更多知识。正是习惯，决定了每个人如何更为充分地开发自己与生俱来的潜能。

拉里·伯德是一位不可思议的篮球运动员，但我们也不得不承认，伯德并不是最具运动天赋的人。然而，正是天赋有限的伯德率领波士顿凯尔特人队（Boston Celtics），三次登上了总冠军的领奖台，伯德本人当之无愧地成为历史上最伟大的运动员之一。

既然伯德的天赋有限，那这一切他又是如何做到的呢？你或许已经猜到了答案，是的，正是“良好的习惯”。

伯德堪称 NBA 历史上最出色的三分球投手之一，早在加入 NBA 之前的少年时代，每天早晨，伯德总是先练习 500 次三分投篮然后再去上学。拉里·伯德就是这样一位依靠良好的习惯把自己先天的才能和天赋发挥到极致的典范。

好习惯是成功的基石，好习惯是成功的阶梯。一个人要想取得成功，就必须养成良好的习惯。

1978 年，75 位诺贝尔奖获得者在巴黎聚会。有人问其中一位："您是在哪所大学、哪所实验室里学到了你认为最重要的东西呢?"

出人意料，这位白发苍苍的学者回答说："是在幼儿园。"那人又问："在幼儿园里学到了什么呢?"

学者答道："把自己的东西分一半给小伙伴们；不是自己的东西不要拿；东西要放整齐；饭前要洗手；午饭后要休息；做了错事要表示歉意；学习要多思考，要仔细观察大自然。从根本上说，我学到的全部东西就是这些。"

这位学者的回答，代表了与会科学家的普遍看法：成功源于良好的习惯。

2001 年 7 月份，南方一家颇有名气的青年刊物隆重地推出了一篇调查——《告诉你一个真实的安子》，使人们再次聚焦 20 世纪 90 年代初期民工潮中出现的成功人物。

那年，17 岁的乡下姑娘安丽娇（安子）怀揣着希望和茫然，独自一人从广东梅县扶大乡闯到深圳，当时她初中都没毕业。像成千上万打工妹一样，安子成了一家港资电子厂流水线上的插件工。插件工枯燥苦累，一天工作 12 小时，没干多少天，安子手指上便是一团团黑黑的淤血，十指连心地痛。但在繁重打工之余，安子还是用学习来充实自己的每一天：从自学初中课程，一直到深圳大学中文系大专课程，打工 7 年，安子坚持自学了 6 年半。7 年打工收入，几乎全交了学费。

1991 年，安子在打工之余，将打工日记加工创作成《青春驿站——深圳打工妹写真》在报纸上连载，反响非常热烈，读者的信件如雪片般飞来。随后，她的《都市寻梦》等文学作品相继面世。深圳广播电台力邀安子主持"安子的天空"，让数以万计在都市寻梦的进城务工青年，在这片天空中获得了心灵的慰藉。

8 年不到的时间，一个普通打工妹完成了"蛾变蝶"的全部过程。今天的安子是 4 家公司的总经理，其中"新家政服务公司"是深圳规模最大、最规范的10家同类企业之一。

面对众多的评论，安子坚持认为她的成功是靠努力向上的习惯一点一滴积累而成！她说："时代给了我机会，而能抓住机会，是因为我付出了太多泪水和汗水。"

英国唯物主义哲学家、现代实验科学的始祖、科学归纳法的奠基人培根，一生成就斐然。在谈到习惯时，他深有感触地说："习惯真是一种顽强而巨大的力量，它可以主宰人的一生，因此，人应该通过教育培养一种良好的习惯。"

1998年5月，华盛顿大学350名学生有幸请来世界巨富沃沦·巴菲特和盖茨演讲。当学生们问到"你们怎么变得比上帝还富有"这一有趣的问题时，巴菲特说："这个问题非常简单，原因不在智商。为什么聪明人会做一些阻碍自己发挥全部功效的事情呢？原因在于习惯。"

盖茨表示赞同，他说："我认为沃沦关于习惯的话完全正确。"此时，两位殊途同归的巨富道出了自己成功的诀窍，即：好的习惯是成功的阶梯。

有位哲人曾说过：播种行为，收获习惯；播种习惯，收获性格；播种性格，收获命运。

俄国教育家乌申斯基也说："良好的习惯乃是人在神经系统中存放的道德资本，这个资本不断地增值，而人在其整个一生中就享受着它的利息。"

的确，习惯是一个人独立于社会的基础，又在很大程度上决定人的工作效率和生活质量，并进而影响他一生的成功和幸福。因此，注重养成好的习惯，是人生迈向成功的第一步。

试想，一个爱睡懒觉、生活懒散又没有规律的人，他怎么约束自己而去勤奋工作？一个不爱阅读、不关心身外世界的人，怎能有开阔的胸襟和见识？一个杂乱无章、思维混乱的人，他做起事来的效率会有多高？一个不爱独立思考、人云亦云的人，他能有多大的智慧和判断能力？

好习惯实际上是好方法——思想的方法，做事的方法。培养好习惯，即是在寻找一种成功的方法。

话说回来，季羡林先生之所以能够著作等身，成为学界泰斗，被万千学人所尊崇，最根本的原因就在于他从小养成了读写文章的良好习惯。

7. 一寸光阴一寸金

光阴，对青年和老年，都是转瞬即逝，必须爱惜。“一寸光阴一寸金，寸金难买寸光阴”，这是我们古人留给我们的两句意义深刻的话。

——季羡林《季羡林谈人生》

（一寸光阴不可轻）

季羡林先生对时间是非常珍视的，他认为生命对于每个人都是一样的，无论是对青年还是老年，无论是对男人还是女人，都是有限的。所以，一定要抓住这有限的光阴，做出一番伟大的事业。

《文化博览》杂志2005年第六期曾登载了这样一则故事：

在富兰克林报社前面的商店里，一位犹豫了将近一个小时的男人终于开口问店员了：“这本书多少钱？”

“1美元。”店员回答。

“1美元？”这人又问，“你能不能少要点？”

“它的价格就是1美元。”没有别的回答。

这位顾客又看了一会儿，然后问：“富兰克林先生在吗？”

“在，”店员回答，“他在印刷室忙着呢。”

“那好，我要见见他。”这个人坚持一定要见富兰克林，于是，富兰克林就被找了出来。

这个人问："富兰克林先生，这本书你能出的最低价格是多少？"

"1.25美元。"富兰克林不假思索地回答。

"1.25美元？你的店员刚才还说1美元1本呢！"

"这没错，"富兰克林说，"但是，我情愿倒给你1美元也不愿意离开我的工作。"

这个顾客不甘心，又磨蹭了一会儿，见没用，就说："那么，好吧，1.25美元，我买了。"

谁知富兰克林却说："不，1.5美元。"

顾客不相信自己的耳朵："1.5美元？你怎么又改了？"

富兰克林说："是的。到现在为止，我因此而耽误了工作时间的价值要远远大于1.5美元。"

这人默默地把钱放到柜台上，拿起书出去了。

这则故事告诉了我们一个浅显而耐人寻味的道理：对于有志者，时间就是金钱。

利用好时间是非常重要的，一天的时间如果不好好规划一下，就会白白浪费掉，就会消失得无影无踪，而我们就会一无所成。经验表明，成功与失败的界线在于怎样分配时间，怎样安排时间。人们往往认为，这儿几分钟，那儿几小时没什么用，其实它们的作用非常大。

大家一天要浪费几个小时呢？如果真想知道，不妨来做一个实验。首先，找一份记事历，把每一天划分成若干区域。然后再把每个小时划成60分钟的小格。在这整个星期里面，随时把所做的事情记录在划分的表格中，连续做一个星期，再回头来检查一下记事历，就会发现，由于拖延和管理不当，浪费了多少宝贵的光阴。

记住，时间是唯一可以卖给他人或自己的东西，对时间的利用率越高，就越可以靠它卖得更多的钱。时间是无情的，但又是慈善的，这取决于你怎样对待它。

哲人伏尔泰问："世界上，什么东西是最长而又是最短的；最快的而又是最慢的；最能分割的又是最广大的；最不受重视的又是最受惋惜的；没有它，什么事情都做不成；它使一切渺小的东西归于消灭，使一切伟大的东西生命不绝？”

智者查帝格回答：“世界上最长的东西莫过于时间，因为它永无穷尽；最短的东西也莫过于时间，因为人们所有的计划都来不及完成；在等待着的人看来，时间是最慢的；在作乐的人看来，时间是最快的；时间可以扩展到无穷大，也可以分割到无穷小；当时谁都不重视，过后谁都表示惋惜；没有时间，什么事都做不成；不值得后世纪念的，时间会把它冲走，而凡属伟大的，时间则把它们凝固起来，永垂不朽。”

人的生命是有时限的，但是人对实际时间的利用和发挥是不一样的，因而实际生命的长短也是不一样的。比如，以分计算时间的人比用时计算时间的人，要多拥有 59 倍的时间；以秒计算时间的人则又要比用分计算时间的人，多拥有 59 倍的时间。所以对于挤时间的人来说，时间是不断增加的，甚至是成倍地增加。

鲁迅先生曾说过：“节约时间，也就是使一个人的有限的生命更加有效，而也就等于延长我们的生命。”

有一位作家曾讲了一个故事来说明时间的意义。

上帝在每天一大早都会去拜访刚起床的人，然后很公平地交给每个人 5000 元运用；到了晚上临睡时，他又会出现，要每人把剩余的钱还给他。只见有的人原封不动地交回了 5000 元；有的人剩下 300 元交回；还有的人两手一摊，说：“花光了，还不够用呢！”

这个故事寓含的真正意义，就在于每个人每天使用时间的差别以及由此引发的省思。有的人根本什么也没做，所以一毛钱未花；有的人用一些；有的人则充分利用，还嫌上帝给的不够多。现代人的生活状况不正是如此吗？现代人总好像是很忙碌，打电话给他一定是左一句忙，右一句忙，但是，忙来忙去也不知忙些什么。反过来看，有些人随时都是一副从容不迫的模样，难道谁能肯定他不忙吗？未必吧！

一个真正懂得时间管理的人，应能依事情的轻重缓急来定时间的先后顺序，这样，当重要事件发生时，才能不慌不忙地一一处理。

有一位商业人士说过这样一段话：“在车上时我都做什么？每遇红灯，我就会把当日报纸拿出来看看大标题、看重点，以便知道世界上发生了什么事。同时，我的耳朵也没闲着，平时我习惯一上车就开始放社会大学的录音带（自我充电）；但是，精神较紧张时，则会选听一些开发潜意识的音乐 CD。就这样了吗？还不止，眼睛在顺便看街景时，偶然有什么感触、想法或创意时，一遇上红灯便会抽出名片或小记事本来写下心得。比起许多人塞车、等红灯时的心浮气躁，破口大骂，我的做法是不是比较具有创造性及建设性呢？”

事实上，可以运用时间的方法有很多，在此给读者提供几个较实用的观念、方法以供参考：

（1）善用剩余时间

所谓剩余时间，就是我们平日所说的“角落时间”，5 分钟、10 分钟，别小看它，积累起来也占了大半天呢！

如许多学生都会在等公共汽车或坐地铁时背英文单词，相比之下，他们可能比那些缴钱去补习班学一年英文的学生还要有效率得多。

（2）减少时间的浪费

如果要去玩，是走这条路好，还是走那条路？说不定还有更快的！做任何事时都先计划一下，无论是出去郊游还是逛商场购物，都要弄清楚目的地，否则乱走乱逛的，不知要浪费多少时间。

另外，作计划一定要有工具。最好随时携带笔记本，家里有日记本，办公室还有周记本、月记本甚至年度计划本。

（3）创造时间的使用价值

时间的使用价值，大多来自于个人的价值、判断与认知，重要的是要知道在轻重缓急间如何取舍。譬如家人和朋友孰重？私事和公事哪样得先处理？有了比较清楚明确的价值判定后，就不会有太多紧张、担心、犹豫不决，就能放心大胆地去做该做的事。

其实，愈成功的人愈讲究时间的观念，而他们也最喜欢守时的人。如果我们都能养成珍惜时间的习惯，那么，我们离成功也就不远了！

8. 自信才能成功

这充分告诉我们，特别是今天的年轻人，看待自己要有全面观点、历史观点、辩证观点。盲目自大，为我们所不取。盲目地妄自菲薄，也绝不是正当的。

——季羡林《季羡林谈人生》

（用历史的眼光看待一切问题）

季羡林先生这里批评的“盲目的妄自菲薄”，实际上是一种缺乏自信的表现。

我们可以通过各种方式得到这样的结论：一个有魅力的人，是绝对自信的；而碌碌无为的人，只要偶尔遇到一点挫折，就会心灰意冷，一蹶不振。失败的人之所以失败，就是因为他们自己不相信自己。

没有自信的人是很难成功的，就像没有脊梁骨的人很难挺直腰杆一样。

犹太物理学家埃伦菲斯特具有非凡的评价和批判能力，因此，一些伟大的物理学家乐意征求他的意见，他也常常应邀出席科学会议。但是他却把这种过于严峻的批判用在自己身上。这种过分的自我批判倾向扼杀了这位科学家的才华，使其丧失了创造才能。结果，他的思想产物还没有问世，这种过分挑剔的批判就夺走了他对它们的爱，最后竟导致了他厌世自杀。

著名物理学家杨振宁曾经谈到科学家的胆魄问题："当你老了，你就会变得越来越胆小……因为你一旦有了新思想，会马上想到一堆永无止境的争论，害怕前进。当你年轻力壮时，可以到处寻求新的观念，大胆面对挑战，而年纪大了的人却疲于奔波，疲于争论。我常常问自己，是否已经丢掉了自己的胆魄?"

这些事例充分说明：没有自信就没有胆量，没有胆量就会磨灭想象力和独创精神。所以，缺乏自信是创造力和智慧最危险的敌人。

"金无足赤，人无完人"，这句话是说每个人都有某方面的不足，没有人是十全十美的，无论是在生理上还是心理上，都有着或多或少的缺陷和不足。但是能否敢于正视自己的缺陷和不足，而且不被它削弱自信，却是强者和弱者的区别。

美国总统罗斯福被公认为世界历史上能够扭转乾坤的巨人之一。关于他的国内政绩，关于他在世界历史上曾经发挥的作用，另一位伟人温斯顿·丘吉尔说："罗斯福是对世界历史影响最大的一位美国人。"

很难想象像这样的一位伟人会在 39 岁患上脊髓灰质炎（俗称小儿麻痹症）之后，凭着顽强的毅力积极配合治疗，终得幸免于全身瘫痪；更难想象他后来敢于拄着双拐或坐着轮椅，出现在 1932 年总统竞选的讲坛上，并成为美国历史上唯一一位身罹残疾的总统。

自信在罗斯福一生的成长和事业中起到了重要作用，他在第一次就职演说中，针对当时美国社会的经济"大萧条"情景说："首先让我们表明自己的坚定信念：唯一值得恐惧的东西就是不可名状的、未经思考、毫无根据的恐惧，使得转退为进所需的努力陷于瘫痪的恐惧。"

人们无论从事什么职业，做什么事情，都应该做到"进不败其志"和"内究其情"。在身处顺境时，还要积极进取，勇于开拓，不改夙志；而身陷逆境之时，则要躬身自省，探究失败之由。此外还应做到无论何时都要对自己充满自信心。因为只有这样，才能把事情做到成功，才能使自己的学习和事业一帆风顺。

任何人的人生都不可能一帆风顺，有许多事情并不是人所能控制的。如公司经营不景气，你也许就成了被裁减的对象；或许你家人生病，另一半舍你而去；政府削减了跟你有关的福利；还有难以预料到的天灾人祸，比如地震、水灾、火灾等等，这些事情都可能使你多年的努力付之东流。也许会由于这些原因，你将陷入困境，整天被烦恼困扰。

罗夫·华多·爱默生说过：“相信自己能，便会攻无不克。不能每日凌越一个恐惧，便从未学得生命的第一课。”

俗话说，没有过不去的坎儿。一个人在前进的过程中，自然会遇到各种各样的困难，如果相信自己的力量，你的力量将是无穷的。但是，要做到这一点，还有一个前提，即我们必须先战胜我们认识上的局限。

我们对自己的认识，其实是基于别人的认识，根据以往的经验，根据人类代代相传下来的所谓智慧。但是，别人的认识也好，以往的经验也好，还是人类的智慧也好，都不一定是真理，也会有错误的时候。所以，对于别人的认识，以往的经验，还有代代流传下来的智慧，正确的，我们当然要吸收；而错误的、不合时宜的，我们完全可以置之不理。毕竟，你的人生只属于你。

在我们的生活和事业中，谁能够再三忍受失败的打击，谁又能再三品尝失败的苦果，谁又能够再三吞咽痛苦的泪水？从此，你烦恼、你沮丧、你恐惧、你焦虑、你忧郁、你悲观、你失望……所有魔鬼对着你狂笑、对着你乱舞、对着你张牙舞爪，它们将撕破你的皮肤、刺瞎你的眼睛、挖出你的心肝，把你变成它们的盛宴。

这时，你也许会失去第一次跌倒时的勇气，你不愿再次爬起，甚至连尝试也觉得费力。那么，你就得当心这种心态，因为你可能患了严重的沮丧综合征。

幸好，你患的这种病并不是绝症，只需要一种药就可以药到病除，这就是学会忘记和抛弃。把所有的沮丧和烦恼抛给昨天，重新树立起自信心。这样，成功依旧属于你。正像佛朗西斯·培根所说的那样：“逝者已矣，不能复返，聪明的人现在与将来有太多的事情要做，因此他们不在过去的事情虚耗光阴。”

这时，你又重新回到了人生的起点。想想当你第一次站在起跑线上的心态，想想你第一次登上成功峰顶时你的作为，想想你第一次获取成功的原因，你就会发现，你第一次站在起跑线上时，携带着的只有征服的欲望，除了这一份积极的心态之外，你一身轻松，所以，你才能跨越一个又一个的路障，取得一次又一次的成功。总而言之，所有的这一切，都应归功于你积极地面对生活。

放眼看去，有谁能够不遇困难。孟子说“天将降大任于斯人也，必先苦其心志，劳其筋骨……”几乎所有的成功者，都曾经身陷困境，往往成大事者所受的磨难最多。然而，所有的成功发展者都明白：世界上任何事物都有正负的两个面，关键是如何对待这两个面。所以，当他们遭遇困难，身陷绝境时，就能够抛却一切负面、消极的想法。能够不断地给予自己鼓励：我行！我能行！我一定行！正如爱迪生所说：“我才不会沮丧!”

第四章

畅意抒怀，天高地阔
——旷达的人生心态

1. 人贵有自知之明

老年少年都要有自知之明，越多越好。老的不要“倚老卖老”，少的不要“倚少卖少”。

——季羡林《我的人生感悟》（老少之间）

人如果在生活中总是与别人攀比，总是希望获得他人的掌声和赞美，博取别人的羡慕，那么，他就会慢慢地迷失自己，否定自己。一个人成天乞讨获得别人的掌声，久而久之，他的生活就变成了负担和苦闷，而不是充实和快乐。所以，人贵在了解自己，根据自己能力去做事，那才有真正的喜悦。人彼此都不相同，有的人聪明，有的人平庸；有的人强壮，有的人羸弱；每个人的性格、能力、经验也各不相同。我们只有依照自己的潜能去发展，那才有真正的成功，真正的快乐。

有一些人自以为是，不懂装懂，刚刚了解了一些事物的皮毛，就以为掌握了宇宙变化与发展的规律；还有些人没有什么知识，而是凭借权力地位招摇过市，摆出一副无所不知的架势，用大话、假话欺人、蒙人。

在自知之明的问题上，孔子说：“知之为知之，不知为不知，是知也。”（《论语·为政》）在孔子看来，真正领会“道”之精髓的圣人，不轻易下断语。只有这个态度，才能使人不断地探求真理。

在社会生活中，刚愎自用、自以为是的人并不少见。这些人缺乏自知之明，刚刚学到一点儿知识，就以为了不起，从而目中无人，目空一切，甚至把自己的老师也不放在眼中。这些人肆意贬低别人，抬高自己，以为老子天下第一。

人需要了解自我之“短”。知其不足而后改之，乃是一种公认的美德。但是，常有一些人，或则只知其长，不知其短；或则虽知其短，但却自谅，而不知其短之害；或则视“短”为“长”，甚至孤芳自赏。项羽力能扛鼎，才气过人，少有大志。他的叔父项梁要他读书，不成，又学剑术，不成，遭到叔父怒斥，项羽说：“书足以记名姓而已，剑一人敌，不足学。学万人敌。”意谓自己将来要指挥千军万马，驰骋疆场，不学书剑又何妨。项羽不知其短，尚有可谅，而不知其短之害，甚至视“短”为“长”则是一个大错误！这也正是他后来虽有雄心，而无雄才，终致事败的重要原因之一。

知人不易，自知更难。古希腊也有近似的名言：“认识你自己。”认识自我是人类永远也不会完成的任务，直到今天，人们还一再强调“人贵有自知之明”。

有人说，如鱼在水，我自己还能不了解我自己，这不是笑话吗？其实，问题绝不那么简单。仅就才能这一项来说，许多庸人以天才自居，狂妄自大，不安于平凡的工作岗位；天才反而自轻自贱，悲观畏缩，压抑和埋没了自己潜在的优势。

有些杰出的天才甚至长期被自卑困扰。俄罗斯大文豪屠格涅夫在出版《猎人笔记》之前，一直怀疑自己的文学才华，几次准备放弃文学创作。奥地利哲学家维特根斯坦，写出了令人惊叹的不朽之作《逻辑哲学导论》后，仍然觉得自己缺乏哲学才能，一天半夜他去敲罗素的房门，悲观地问这位英国的大哲学家：“我是不是个白痴？我能不能从事哲学事业？”还有许多科研攻关到了关键时刻，仅仅因科研承担者对自己才能缺乏自信导致半途而废。

当然，人们更多的是被自傲所害，我们往往高看了自己的长处。如今这个世界上，很少有人满足自己的地位和财富，但很少有人不满意自己的才能。

怎样才能既不盲目骄傲又不妄自菲薄呢？这就需要我们进行广泛的社会交往，人是在相互比较中获得对自己的正确认识的。如有人谈到自己的能力时说："比上不足，比下有余。"这一认识就是通过比较得来的。同时，更重要的是要进行广泛的社会实践，在实践中不断丰富和修正对自己的认识。俗话说："旁观者清，当局者迷。"苏东坡在《题西林壁》一诗中也说："不识庐山真面目，只缘身在此山中。"

我们看不清自己的主要原因，就和身在庐山反而看不清庐山真面目是一个道理。要有自知之明，还得让自己跳出自我的小圈子，站在旁观者的立场来分析和评价自己。孔夫子的弟子曾子每天反省自己三次。反省就是自己把自己作为对象进行审视，让自己成为自己的审判官。鲁迅先生也曾说过："我有时解剖别人，但常常更严格地解剖自己。"这样才能对自己有清醒的认识。

另外，从低谷中认识自己也是一种智慧。我们在日常生活中有时情场失意、工作不得志、与家人无法沟通、在同事中不被认同……我们常因为无法得到他人或是自己的认可与肯定而陷入低潮。当我们处在低潮时，其实正是好好反省、重新认识自己的时候，因为我们在所谓清醒的时刻，往往并非是真正的清醒。

中国人历来把自知之明看作君子的道德，认为善知人者必先知己。毛泽东早在青年时代就认识到自知的重要性。他在评论"五四"前夕各项社会改革的流弊时说道："今天下纷纷，就一面而言，本为变革应有事情；就他而言，则是诸人自身本领之不足使然。而本身本领之不足：此无他，无内省之明，无外观之识而已矣。己之本领何在，此应自知也。不知道自己到底有多大本领，而妄谈变革社会，当然是十分可笑的。"其可笑之处自然也在于缺少自知之明。

人在社会上需要给自己一个心理定位，不要越位也不要错位，也不能不到位或者缺位。不能给自己定位定得太低，自卑了不行，人一自卑就没有精神、没有斗志；也不要越位，越位以后容易傲慢自负，老看不起别人；错位更不行，你本来不适合当厂长、当经理，可非要争，争到最后彻底完蛋。就好像一些教授学者，学问上很好，可当不了管理者。因为管理者需要管理、公关的能力；同样，有管理能力未必能搞科研。如果能认清自己并给自己以合理的定位，生活会变得非常美好，到处阳光普照，自己也会心情愉悦；如果定位不当，你自己痛苦，对别人也是负担。

2. 挣脱心灵的枷锁

要待在人间，就必须受时间的制约。在时间面前，人人平等。如果想不通我在上面说的那一些并不深奥的道理，时间就变成了枷锁，让你处处感到不舒服。但是，如果真想通了，则戴着枷锁跳舞反而更能增加一些意想不到的兴趣。我自认是想通了。

——季羡林《阅世心语》

（时间）

在季羡林先生看来，时间是人类的枷锁，而时间本来是一种看不见摸不着的东西，怎么会成为枷锁呢？奥秘在于它限制了人的内心，是人类心灵的枷锁。事实上，大千世界，万物百态，心灵的枷锁不仅仅是时间。

科学家们做过这样一个实验，把跳蚤放在桌子上，用手一拍，它可以跳很高，高度能是自己身高的百倍以上，这在动物界是屈指可数的。他们在跳蚤的头上罩上一个玻璃罩，再迫使跳蚤跳动。每一次跳蚤都碰到了玻璃罩。这样连续多次以后，跳蚤改变了自己能够跳起的高度来适应新环境，每次跳起的高度总保持在罩顶以下。科学家们逐渐降低玻璃罩的高度，跳蚤经过数次碰壁之后又主动改变自己跳起的高度。最后，玻璃罩接近桌面，跳蚤无法再跳了，只好在桌子上爬行。经过一段时间，科学家把玻璃罩拿走了，再拍桌子，跳蚤仍然不会跳，“跳蚤”变成“爬虫”了。

“跳蚤”变成“爬虫”，并不是因为它已经失去跳跃的能力，而是由于一次次遭受挫折学乖了，习惯了，最后麻木了。最可悲的地方就是：虽然玻璃罩已经不存在，跳蚤却连“再试一次”的勇气都没有了。玻璃罩的限制已经深深地刻在它那十分有限的潜意识里，反映在它的心灵上。

动物是这样，人也是这样，心理学家把这种现象叫做“自我设限”。

一个人在成长的过程中，特别是幼年时代，遭受外界比如父母、老师等太多的批评、打击或遭受挫折，其奋发向上的热情、欲望就会被“自我设限”压制和封杀。在这种情况下，如果没有得到及时的疏导与激励，他们就会对失败惶恐不安，对失败习以为常，逐渐丧失了信心和勇气，渐渐养成了懦弱、犹疑、狭隘、自卑、孤僻、害怕承担责任、不思进取、不敢拼搏的习惯。

一个小孩在看完马戏团精彩的表演后，随着父亲到帐篷外拿干草喂养表演完的动物。

小孩注意到一旁的大象群，问父亲：“爸，大象那么有力气，为什么它们的脚上只系着一条小小的铁链，难道它无法挣开那条铁链逃脱吗?”

父亲笑了笑，耐心为孩子解释：“没错，大象挣不开那条细细的铁链。在大象还小的时候，驯兽师就是用同样的铁链来系住小象，那时候的小象，力气还不够大，小象起初也想挣开铁链的束缚，可是试过几次之后，知道自己的力气不足以挣开铁链，也就放弃了挣脱的念头，等小象长成大象后，它就甘心受那条铁链的限制，而不再想逃脱了。”

在大象成长的过程中，人类聪明地利用一条铁链限制了它，虽然那样的铁链根本系不住有力的大象。在我们成长的环境中，也有许多肉眼看不见的链条在系住我们，而我们也就自然将这些链条当成习惯，视为理所当然。就这样，我们独特的创意被自己抹杀，认为自己无法成功致富；认为自己难以成为配偶心目中理想的另一半，无法成为孩子心目中理想的父母、父母心目中理想的孩子。然后，开始向环境低头，甚至于开始认命、怨天尤人。

要想挣脱心灵的枷锁，首先必须要了解都有哪些枷锁，常见的心灵枷锁有以下几种：

（1）“别人会怎样想”的枷锁

“别人将会有什么看法呢?”这的确是一种最普遍而且最具自我毁灭性的心理状态。这种“别人”式的想法是一种强而有力的枷锁。它会伤害你的创造力和人格，把你原有的能力破坏殆尽，使你停滞不前。为摆脱这种“别人”式的枷锁，你不妨想一想，“别人”并不是“先知先觉”，他们往往是“事后诸葛亮”。你应该记住：走自己的路，让别人去说吧！

（2）“过去错误”的枷锁

许多人都害怕再次尝试，因为他们曾经失败过，而且受创很深，正所谓“一回被蛇咬，十年怕井绳”。但是，对每一位有志之士来说，他都必须对过去所犯的错误保持正确的哲学观，从而使自己得以再求突破，再创佳绩。如果你能将自己的失败看成是很有价值的教育投资的话，那就一点也无损失了。因此，你完全不必把“过去的错误”看得太重。其实那根本不能算作失败，只能算是受教育，它能教会你许多事情，使你更加成熟。

（3）“注定会失败”的枷锁

这是另一种非常普遍的心理。一旦失败，便将自己初始的动机统统地扼杀。他们不断重复着说：“早知如此，何必当初!”他们因此把自己看得渺小，无法真正透彻地看清自己。要知道，世上绝没有后悔药。为了摆脱“注定会失败”的枷锁，你需要改变思想，换“脑筋”，思想本身会左右事情的发展。你不妨跟自己闲谈，保持积极的态度。切莫在不经意中将自己的创新意识抛弃，它是你最珍贵的东西。想着“我将要成功”而不是会失败，“我是一个胜利者”而非“一位失败者”，寻找助你成功的方法。你会发现你能左右自己的心灵，同样能左右自己的行动。

（4）“已为时太晚”的枷锁

许多失败者相信自己太晚了，已无法挽回，无法再创业了，因此对未来完全失去信心，逆来顺受地熬日子。这种“已为时太晚”的枷锁，包括各式各样的人物：一个 30 岁的青年做生意亏了本就认为无法东山再起；一个 40 岁的寡妇就自认为太老无法再婚；一位 10 年前没有扩大投资的厂长要想重新开始投资就认为时过境迁……为了戒除这种“为时太晚”的枷锁，你可以多观察那些在社会生活中的活跃人物，而不去理会“年龄的限制”，并下定决心，不断奋斗，所谓“春蚕到死丝方尽，蜡炬成灰泪始干”，成功与年龄无关，重新开始永远为时不晚。

不管是哪一种，这些心灵的枷锁都会加重你的负担，使你步履维艰甚至压得你喘不过气来，只有把它们卸下来，才能一身轻松地去奋斗，向着你的目标甩开步子、勇往直前。

3. 不被“名缰利索”束缚

想不开的事情很多，但统而言之不出名利二字，所谓“名缰利索”者便是。世界上能有几个真正逃得出这个缰和这条索？对于我们知识分子，名缰尤其难逃。逃不出的前车之鉴比比皆是。

——季羡林《阅世心语》（老年四“得”）

季羡林先生认为，人生有许多虚浮之事，名利皆是如此。短浅之人认为这是生命之本，堕入名利之中，即被“名缰利索”牢牢缚住。其实，人生真正的价值恰恰在于摆脱这些虚浮之事以后才能体现出来的。

庄子在《逍遥游》里讲了这样一件事：

尧打算把天下让给许由，说：“太阳和月亮都已升起来了，可是小小的炬火还在燃烧不熄；它要跟太阳和月亮的光亮相比，不是很难吗？季雨及时降落了，可是还在不停地浇水灌地；如此费力的人工灌溉对于整个大地的润泽，不显得徒劳吗？先生如能居于国君之位，天下一定会获得大治，可是我还空居其位；我自己越看越觉得能力不够，请允许我把天下交给你。”

许由回答说：“你治理天下，天下已经获得了大治，而我却还要去替代你，我将为了名声吗？‘名’是‘实’所派生出来的次要东西，我将去追求这次要的东西吗？鹪鹩在森林中筑巢，不过占用一棵树枝；鼹鼠到大河边饮水，不过喝满肚子。你还是打消念头回去吧，天下对于我来说没有什么用处啊！厨师即使不下厨，祭祀主持人也不会越俎代庖的！”

庄子又说：“至人无己，神人无功，圣人无名”。

这是什么意思呢？“至人”、“神人”、“圣人”指的当然不是神仙，而是品格修养极好的人。这样的人明白为人处世的最高道理，在他的心目中，没有自己的私利，和他人打成一片，在利益上，我就是他人，他人也就是我。

无论至人、神人、圣人，还是凡夫俗子，人生无非生活工作。事业成功了，也不特别喜悦，因为这是正常的结果。正如瓜熟蒂落，水到渠成，一切自自然然。失败了也不悲哀、绝望，因为事情有成败之理，失败常在事情发展的可能之中。这样，超越了成功失败的困扰，那剩下的就是心安理得地生活与工作。

由于无己、无功，也便无名了。社会发展，有许许多多的人干出了轰轰烈烈的事业，做出了惊天动地的壮举，因而获得巨大的名声。这使那些人突然之间身价百倍，那光彩、那地位一下子超出了常人。这也使那些没干出大事业、未获得大名声的人羡慕不已。于是，在社会生活中便出现利己、求功、求名的事情。这对于社会历史的发展，有利的一面，但也有弊的一面。人要名，就必然地在出名前为强求出名而苦恼，出名后，又会如俗话说的“人怕出名猪怕壮”有许多困扰。

虚名能为人带来一时心理的满足感，这也就使争名的事常有发生。为了虚名而去争斗，是人世间各种矛盾、冲突的重要起因，也是人生之中诸多烦恼、愁苦的根源所在。

瑞士哲学家荣格说过：“荣誉不是依仗名位得来的，一个人尽管职位很低，无钱无势，但他的名誉却可驾乎千万人之上。”而培根则指出：“有些人在他们的行为中力求光荣与名誉；这种人通常虽是很受人的议论，但是很少人是在内心羡慕他们的。”

假如一个人能做成一件人家未尝试过的事，或者是一件经人尝试过而被放弃了的事，或者是别人也做过而未曾做得如此完善的事，如是他就可以比仅仅追随别人之后而做成了一件更难或更高的事的人得到更多的荣誉。

这就告诉我们，名誉的取得必须靠实实在在地干，靠创造性的工作和人们看得见的业绩，比如那些大发明家、大科学家、大文学家以及奥运会的冠军等等，他们中有的尽管不善言表，不愿接受记者采访，但他们在人们心目中树立了令人敬慕的形象。相反，有的人极力标榜自己，自吹自擂，但适得其反，人们嗤之以鼻！

当然，也有的人伸手要荣誉，或者弄虚作假骗取荣誉。有的把荣誉称号作为送人情、搞心理安慰的手段。更有甚者，把荣誉称号明码标价，公开出售。这不仅仅是对社会道德的庸俗化，甚至可以说是对人类精神文明的亵渎。所以，我们看一个人具有的某种荣誉，不要看其牌子有多大，关键看其是否真正对社会作出了贡献，正如希腊哲学家亚里士多德所说："一个人的尊严并非获得荣誉时，而在于本身真正值得这荣誉。"

荣誉本身也是责任。一分荣誉，十分责任。一个有健康情操的人，当获得某种荣誉后，兴奋之余，就是压力。他要付出更多的努力去完成新的课题。他往往不是担心自己得的荣誉低，被别人看低了，而是怕"盛名之下，其实难副"。在某地举办的一次较高规格的评选先进活动中，有一才干突出者坚辞荣誉称号而不受，有人问其缘由。答曰："图虚名，招是非，不如留下精力干实事。"

"真正之名誉，在虚荣之外。""名誉像一条河，轻漂而虚肿的东西浮在上面，沉重而坚实的东西沉到底下。"（培根语）如同稻田里的稗子一样，与名誉孪生的是虚荣。"虚荣心在人们的心中如此稳固，因此每一个人都希望受人羡慕；即使写这句话的我和念这句话的你都不例外。"（美国，巴斯卡语）这只是指一般人的正常心态，但虚荣心过强会给人带来无穷的烦恼。踏上虚荣的高台阶，必定迈进自私的低门槛。

实际上，人生在世，张三、李四、王五、赵六生来是平等的。造物主并没有让谁光彩照人、名气压人，也没有让谁低三下四，可怜巴巴。成功了，做出了大事业，有了大名声，还是人；没有做出大事业，默默无闻，也依然是造物主疼爱的儿女。

这样看来，追求名声常常使有些人失去天然美好的本性，将纯洁变成芜杂，把天然扭曲为造作。名声的坏处这样就显而易见了。品格修养极好的人不把名当一回事，恢复人那种自然、单纯的状态，这样就逃出了名缰利索的束缚。

4. 顺其自然，随遇而安

多少年以来，我的座右铭一直是："纵浪大化中，不喜亦不惧。应尽便须尽，无复独多虑。"老老实实的，朴朴素素的四句陶诗，几乎用不着任何解释。我是怎样实行这个座右铭的呢？无非是顺其自然，随遇而安而已，没有什么奇招。

——季羡林《病榻杂记》

（我的座右铭）

季老他笃守"纵浪大化中，不喜亦不惧"的信念，奉行"顺其自然，随遇而安"的处世原则，所以他才会年近百岁仍旧富有超人的创造力，这难道不正是那些急功近利的人们所应学习的吗？

季老是这样一种人，永远乐观、旷达，生命于他从来就不是负担，而是仿佛置身于天堂。当生命结束之时，这类人绝无悲凄留恋之感。他们双眼仿佛能穿透一切迷雾，双手能抓到问题的根本，处理问题得心应手；在别人认为无法处理的地方，他们总能够巧妙地化解和躲过；当别人将那些看得很重要的东西牢牢紧握时，他们却可以在瞬间放弃，之后，你会发现原来他们的放弃，是真正的睿智。与其说他们是一种十分健康的生命状态，毋宁说是一种生命的境界。

下面这个故事，是关于20世纪最伟大的科学家爱因斯坦的。

爱因斯坦一向衣着随便。一次，他穿着一件破大衣在街上走，一位朋友见了，十分惊讶地问他为什么不换件新大衣？爱因斯坦幽默地说："反正这里没人认识我，换不换新大衣有什么关系？"

几年后，爱因斯坦已经成为了举世闻名的科学家。这位朋友又在街上碰到了他，发现他还是穿着那件破大衣，于是说："您怎么还穿着这件大衣，这跟您的身份太不相符了吧？"

爱因斯坦说："用不着，反正这里的人都认识我了。"

爱因斯坦这种"达者的生命境界"，对于在当今社会因为盲目竞争导致痛苦的人来说，有着很直接的指导意义。

让我们掌握这样一个生命智慧的理念：达者就是一边进取，一边去粘解缚，从而得到人生的整体丰盈，获得潜能最大实现的人。

从最完整的意义上来讲，达者应该包括如下三方面：

（1）对生命根本大道的通达

他们知道生命的珍贵，也懂得生命的局限，因此在生活中，时刻把握根本，不至于被那些可有可无的东西束缚住，更不会破坏自己生命的根本。

（2）"零阻力"的旷达

生活在海阔天空的世界里，总有一种拿得起、放得下的气魄，不管生活中和心灵中有什么阻力，都能够巧妙地化解。

（3）内在潜能的达成

由于他们能够积极而谨慎地让自己的内在长处与外在的优势实现最理想的结合，所以，其内在的潜能，就能达到最大限度的实现。

旷达者都有一颗"不粘"的心灵。所谓"粘"，就是心灵被动地屈服于对象，失去自主。尤其是对于名利等欲望，紧抓不放，过于执著，其结果如梅拉妮·贝提在《无所执泥》中所描述："我们想要控制的东西，控制了我们的生命。"旷达者的特点之一，就是"解粘去缚"。他们把心灵的自由和自主，看得比任何其他事都重要。不粘就是"放下"，但真正的不粘，是要将"放下"的念头也放下。这样才会有最彻底的心灵自由。

缺乏智慧的人，总是要世界围着自己转。然而，真正的达者，会充分发挥自己的意志与智慧，但一定是建立在符合自然之道的基础上。他们放弃僵硬的主观意志来适应万物。这就是尊重客观规律，按着自然法则去行事，顺势而为。

旷达者具有一种最积极的心态。所以，他们总能在他人忽略和轻视的地方，处处发现和发掘出“最好”来。他们认为人人都有最好的一面，处处都是最好的地方，任何时间都是最好的时间。

人生路上很多时候得亦是失，失亦是得，得中有失，失中有得。所以在得与失之间，我们无须不停地徘徊，更不必苦苦地挣扎。我们应该用一种平常心来看待生活中的得与失，要清楚对自己来说什么是最重要的，然后主动放弃那些可有可无、不触及生命意义的东西。否则，我们便会被这些东西所累。

自小聪明机敏的石崇为西晋功臣之后，为人贪婪奢侈。在荆州做官时靠抢劫江中远来客商成为巨富，家中珍宝堆积如山，侍女数百都穿绫着缎。还曾与国戚王恺斗富，最终被收监入狱。

所以，名与利和人的自身价值相比，就如同树叶与树根，树根被拔了出来，树叶还怎样生长呢？老子宣传的是这样一种人生观：人要贵生重己，对待名利要适可而止，知足知乐，这样才可以避免遇到危难；反之，为名利奋不顾身，争名逐利，则必然会落得身败名裂之可悲下场。

因而，每个人都应该对自己的言行举止有清醒的准确的认识，凡事不可求全。贪求的名利越多，付出的代价也就越大，积敛的财富越多，失去的也就越多。季老希望人们，尤其是手中握有权柄之人，对财富的占有欲要适可而止，要知足。一个片面追求物质利益的人，必定会采取各种手段来满足自己的欲望，有人甚至会以身试法。顺其自然，随遇而安，该你得时不推辞，不该得时莫强求，以旷达的心态处世，这才是人生的真谛。

5. 笑着离开世界

后来又听说，朴老说：别人都是哭着走，独独季羡林是笑着走。这一句话给我留下了很深的印象。我认为，他是十分了解我的。

——季羡林《病榻杂记》（笑着走）

人类最恐惧的就是死亡，于是许多聪明人或自认为聪明的人，纷纷想尽办法安慰人们，有的说人死了，灵魂上了天堂；有的说人死了还可以投胎转世，二十年后又是一条好汉。可是这两种说法都不能安慰人，灵魂上天堂虚无缥缈，没有谁能知道天堂是个什么样子；投胎转世就更玄了，即使真的有可能投胎转世，那也是另外一生的事情，与现在的“我”没有什么关系。所以，能够笑着走的人才是生命真正的达者。季老就认为自己是这样的一位达者。

生与死是一个铜板的两面，对死的认识影响着对生的态度。有的人意识到人必有一死，于是就大肆地挥霍享受；有的人意识到人必有一死，于是就抓紧每一寸光阴学习和工作。孔子说：“不知道生，怎么知道死呢？”其实应该倒过来说：“不知道死，怎么知道生呢？”

人有出生的一天就必定有去世的那一天，就像有黑夜就必定有白天一样，这是自然规律，是每个人都逃避不掉的。把船藏在山谷里，把山谷藏在深泽中，可以说是再牢固不过了，但大地的不断运动，有些山谷成了高山，有的高山又夷为平地，山谷都有变化，船当然也藏不住了。

高山和深谷都会变化，何况肉体之身的人呢？有些人发现自己脸上有皱纹、头上生白发就发愁，实在不懂得自然之道。对于老少生死要听其自然，这样才能有一个潇洒自在的人生。

除了极度的厌世者以外，人人都热爱生命。《伊索寓言》有这样一个故事说：

一个老人上山砍柴，把柴扛在肩上走了很远的路，又渴，又累，他把柴撂在路边歇脚时说："还不如死了的好。"死神一听连忙跑来问他需不需要自己的帮助，老人并没有要求死神把他带走，反而说："请你把那捆柴放到我肩上！"

寓言中这位老人的变化，很有人情味，也很见人生道理。

中国古代有许多人祈求长生反而弄得短命，不少皇帝为了长生不老而求仙供佛，其结果不是送了自己的命就是害了他人的命。古往今来求仙的人千千万万，长生的却找不到一个。

活着的人谁也没有尝过死是怎么回事，为什么一想到死就丧魂落魄呢？这是由于亲友的死给我们许多暗示，使我们把生和死的过渡想得非常可怕。看到死尸冷冰冰的凄惨样子，再想一想未来只与黑暗、寒冷、闭塞、孤寂相伴，大家就会不寒而栗。其实这些恐惧心理是想象造成的。

一个人死后，即使放在有电热毯的床上，他也不会感觉到温暖舒适，把他埋在九泉地下也不会觉得寒冷；在他的棺材或骨灰盒里装上电灯，他也感觉不到明亮；棺材或骨灰盒里漆黑一团，他也不至于觉得有什么不方便；即使儿女在尸体旁亲昵说笑，他也体会不到什么天伦之乐；让他一个人躺在棺材里也不会有孤独感。死亡是大自然给人最好的恩赐，我们在这个熙熙攘攘的人世操心了一辈子、奋斗了几十年，现在该我们好好休息一下了。死亡就是一次最深沉的睡眠，死后的痛都是活着的人强加给死者的。

死的恐惧中还有一种也是我们强加上去的。人们总害怕自己死了后，自己那些活着的亲友难过悲哀，担心自己死了后儿女不会生活、自己的公司会垮台等等。这种想法一半是无意识地加重我们自己在社会上的重要性，一半是想用别人的同情爱戴来自我安慰一番。且不说你死了后地球照样转动，你的公司照样营业赚钱，就是你家里的裂口也不是你想象的那么大，感情伤痕的愈合也比预料的要快得多。离开了你，你的儿女照样上学上班，你的妻子或丈夫仍然能找到她或他精神的快乐，说不定能找到比你更可人的伴侣。

生命既然有个开头，就一定会有个结局，这就像一出戏有开头就有结局一样。哪个演员能在舞台上把一段戏从盘古开天地唱到天荒地老呢？一个演员不可能总将舞台占着、不让别的演员上台，我们怎么能将社会的舞台霸占、不让后来人登场呢？死亡只是把我们带回我们没出生时的境界，回想某一时期我们没有来到这个世界，并不会使我们怎么难过，为什么一想到有朝一日我们要退出这个世界，心里就非常难受呢？

陶渊明是东晋的大诗人，他的为人和诗作达到了一种最高的境界：自然。他说自己特别喜欢饮酒，可又穷得沽不起酒，亲戚和朋友知道后，有的特地买酒招他去饮，每次一去他总要把酒瓶喝得底朝天，不醉不算，醉了就摇摇晃晃地回来。人家问他为什么这么爱酒，他回答说：“渐近自然。”

陶渊明把生死同样看作自然的事情。他创作的近一百多首诗中几乎三分之一讲到死，每次提到死时态度是那么平静，语调尤为安详。他说那些一听说死就面如土灰的人不明自然之理。生死对于任何人都是公平的，从三皇五帝到平民百姓，从白发老翁到黄毛孺子，每个人都要从出生走向坟墓，陶渊明说：

三皇大圣人，

今复在何处？

彭祖爱永年，

欲留不得住。

陶渊明公元427年11月离开人世，在他死前两个月写了一篇《自祭文》，说自己活了60多岁，现在死去“可以无恨”，从老年到寿终正寝是物之常理，还有什么留恋不舍的呢？写了《自祭文》以后，他又接着写了《拟挽歌辞三首》，一下笔就说：有生必有死，早终非命促。

死与青年人不沾边，这倒不是说没有青年早亡，而是说没有青年人相信自己会死。有一位29岁的博士生患晚期肝癌，老师和同学心情沉重地去医院看望他，医生没有告诉他真实病情，他自己在师友面前仍然雄心勃勃，说过几天出院要着手完成已上马的攻关项目，还提出了许多新的科研课题，第二天他就带着这些计划、雄心和憧憬告别了人世，死前一分钟他还不相信自己会死。事实上，这位博士并不是死去，而是带着微笑长眠，是离开实验室后的一次愉快的休息，死仍然和他无缘——尽管他已经死亡。

青年人虽然看到许多人死去，但他们觉得死是别人的事情，自己与死则毫不相干，他们如饥似渴地畅饮着生命的玉液琼浆，死怎么可能与他们联在一起呢？

老年人的情况则恰好相反，他们对死亡特别敏感，头上多加一根白发心里就多了一分悲凉，“可怜白发生”一类的诗句特别容易触动他们的心灵。昔日的同学或同伴离开人世尤其易于伤感。对外在世界的感觉日渐麻木，对生活的热情也慢慢衰退。由于对现实生活失去兴趣，他们常常生活在对过去的回忆之中。

宋代女词人李清照晚年有一首《永遇乐》，词的下半部分对比了她自己青年和老年时的生活态度：

中州盛日，闺门多暇，记得偏重三五。铺翠冠儿，捻金雪柳，簇带争济楚。如今憔悴，风鬟雾鬓，怕见夜间出去。不如向，帘儿底下，听人笑语。

季老告诉我们，克服老来怕死的唯一办法就是培养自己广泛的爱好和对生活的强烈兴趣，培养自己广博的同情心，同情和关心那些与自己没有什么关系的人和事，积极参加各种社会活动，让自己不要封闭在个人的小圈子里，把自己的个人生活与社会生活融合在一起。

一般而言，河流源头处河身狭小，夹在两岸之间奔腾咆哮，冲撞岩石激起水花，飞下悬崖形成瀑布，越到下游河面越宽，河水也慢慢流得平缓，最后流进大海，与海水浑然一体，河流的界限消失不见了，从而结束了它那单独存在的一段历程，把自己的生命融汇在大海之中而毫无惋惜。

个人也是一样，青年时充满了激情，心高气傲，处处想显示自我的个性和才能，到了老年才意识到自己只是社会的一分子。假如人到老年能把生命看成河流就不会怕死，因为他明白个人的生命融进了人类生命的大海之中，他所关心的一切都在继续，人类的生命也生生不息。

6. 不怨天，不尤人

我没有责怪任何人，连对发动这一场“革命”的人也毫无责怪之意。我只是一个劲地深挖自己的灵魂。用现在间或用的一个词儿来说，就是“原罪感”。

——季羡林《牛棚杂记》（余思或反思）

季老所说的不责怪别人，换句话说就是“不怨天尤人”，面对“文革”种种痛苦的遭遇，他非但不怨恨别人，甚至原谅对他造成伤害的人。不仅如此，他还从自己身上找原因，这是一种多么旷达的胸怀呀。

旷达的人是不会怨天尤人的，孔子说：“没有人知道我啊！”子贡说：“为什么没有人知道您呢？”孔子说：“不怨恨上天，不责怪别人，下学人事而上达天命。知道我的，大概就只有天吧！”

旷达不是一种状态，而是一种过程，一种追求“旷达”的过程，当然还可能是一种心境。

中国古代有位诗人，年轻时一心想着一鸣惊人，期盼别人称赞自己的诗才，即使在毫无兴致的情况下，也强制自己作诗，逼着自己苦吟，费尽精力，拈断胡须，推敲字句，弄得人生索然寡味。到老时才大彻大悟：“人生有何味，一生虚自囚！”后来放手写去，全不管舆论褒贬，想写便写，喜欢怎么写就怎么写，这样才真正尝到了创作的乐趣，后来果真写出了传世之作。

作诗如此，做人、处世又何尝不是如此！

只可惜还有多少人至死不悟，一生把自己囚在虚名中：为别人称赞而做事，为别人的恭维而旅游，为别人夸奖而写诗，为别人的……一生都为了别人，花尽了自己所有的快乐，买回个虚名，一生都为别人而活，何曾为自己活过一天？到头来，人生空走一遭，至死也没真正体会到做人的快乐，岂不可悲！

子张曾经问孔子："读书人怎样才可以称得上是通达呢？"孔子说："你所说的通达是指什么呢？"子张回答说，"就是在朝廷做官一定有名声，居家也一定有名声。"孔子说："那是名声，不是通达。通达是指品质正直而见义勇为，善于分析别人的言论和观察别人的脸色，时常想到对人谦让。这样的人在朝廷做官一定通达，居家也一定通达。至于那种只有名声的人，表面上做出爱好仁德的样子，实际行为却违背仁德，还自以为是地以仁德的人自居。这就是你所说的在朝廷做官一定有名声，居家也一定有名声。"

所谓达人，就是通情达理、通权达变、通脱练达的人。具体说，达人有三个条件：第一，品质正直而见义勇为；这是慷慨好义。第二，察言而观色；这是通情达理。第三，虚以下人；这是谦虚待人。凡是达到这三个条件的，就是达人。

无疑，人生在世，风云变幻，什么样的事情不可能发生呢？有时福星高照，事事顺心；有时阴风怒号，事事坎坷。这也就要求我们要学会自我调节，以一种旷达的心态去化解一切不愿、不忍看到的事实。当幸福快乐来临时，我们享受，我们陶醉，我们毫不吝啬地挥霍着我们的快乐与愉悦；而当不幸苦难来临时，我们也要坦然面对，以一种旷达去包容一切艰难困苦。

旷达人生是荒原大漠式的人生，因为它能接受八面来风，不拘泥小川，不徘徊窄巷，任狂风漫卷，沙走石飞，万事随生死，千虑归自然，活着就飘飘落落，天高地广。

旷达人生也像大海，因为它具有宽广的胸怀，百川入海，有增无减，容得下千古恩仇，装得下四海风云，活得扬洒自如，海阔天空。

旷达的第一步是把有限的生命看穿看透。人生至多也是百年时间，长也长不到哪里去，短也短不过哪里去，大家情况都差不多。富贵者不能永享富贵，穷困者也不会永受苦难。况且人生千姿百味，人人都只能活一种。有坐享其成的福气，就不会体验挑战人生的荣耀，每个人各有各的活法，各有不同的悲喜哀乐。

旷达的人喜欢在荒原上散步，面对纷繁的人生境况经常发出这样的感叹："快来看看这洪荒的宇宙，体验这历史的沉寂吧！世人往往是多么愚蠢，把自己宝贵的时光纠缠在一些无聊琐事之中。试问一下，时过境迁，谁还对你争我斗的琐碎小事感兴趣呢？"

看透了，看穿了，人的生命就获得了自由和解脱，从斤斤计较的小圈子里走出来，不在小事情上浪费自己，而能务其大者、远者，创造人生的远景宏图。人生旷达了，心智自然也就不会劳累，就不会活得那么拘谨和痛苦。区区小事不能给他带来烦恼，不愉快的经历也不能使他怨天尤人。旷达的人体谅他人，理解人生。欢乐的时候能放浪形骸，遇到挫折能顺其自然，做事的时候能专心致志，忘情的时候能忘乎所以。这种人活在世上不委屈自己，但是也不计较别人，所以人人喜欢，人人钦佩。

记得有位外国作家曾说："为小事而生气的人生命是短促的。"那么反过来说，心胸旷达的人生命将是长久的，因为旷达者的生命与长天大海相连，经得起生活中的各种暴风骤雨。

7. 忠言逆耳利于行

端正对待不同意见（我在这里指的只是学术上不同的意见）的态度，是非常不容易办到的一件事。中国古话说："良药苦口利于病，忠言逆耳利于行。"可见此事自古已然。

——季羡林《我的人生感悟》

（对待不同意见的态度）

日本战国时期的堀秀政是一位文武双全的人，曾经辅佐织田信长和丰臣秀吉两个霸主。当时的人都称赞他是国家的栋梁。有一天，他的家臣在领地的城墙附近发现有人竖立了一面木牌，上面列举了三十多条秀政的政治过失。家臣们商量之后，决定把那面木牌拿给秀政看，并且非常愤怒地说："竖立这块木牌的人，实在太可恶了，应该逮捕并严厉处罚。"

秀政细观木牌上所写的"罪证"之后，马上穿好衣服，洗手，漱口，把木牌举起来说："有人肯这样严格地指正我，实在太难得了，我应该把它看成上天的赐予，并当作传家之宝，好好收藏。"于是，他把木牌用一只精美的袋子包起来，再装进箱子里，并召集家臣幕僚，将木牌上所列举的过失详细检讨，从此秀政的业绩更加辉煌了。

常言说得好："良药苦口利于病，忠言逆耳利于行。"由此可见，一个人要善于留意各方面的批评，因为那些批评就是治病的"良药"。不要只注重赞美的言词，因为那对实现"使事情做到更完美"的目标是毫无帮助的。

一般说来，人们都喜欢听赞美的言词，对于批评是不容易接受的，所以部属为了讨好上司，只讲好话，这样领导者就很难听到部属真实的意见了。一个领导者若不明了自己在什么地方有过错，什么地方需要改进，就应该多多鼓励部属提出批评，听取部属的意见，虚心接受，这才是一位领导者所应具备的素质。具备这种素质的领导者，在中国历史上并不罕见，唐太宗李世民便是一位。

贞观五年，大唐王朝终于度过了创业的艰难和立国之初的灾荒，再一次迎来了丰收之年。各地方的负责官员上表，要求李世民进行象征皇帝威仪和天下太平之兆的封禅仪式。当时国家刚刚走上正轨，李世民仔细考虑得失，没有同意。

贞观六年，由于平定匈奴，远方的异邦都来向大唐朝拜。

于是，一些大臣又竞相上表，称颂皇上的功德，鼓吹封禅。

李世民闻言心有所动，于是召集群臣在两仪殿开会，和颜悦色地对群臣们说："近来朕屡接奏章，请求举行封禅大典，你们这些人都认为'封禅'是当帝王的巅峰盛事，朕却不这样认为。其实如果社会安定，家家户户丰衣足食，君王就是不到泰山封禅，又有什么伤害？从前，秦始皇封禅而汉文帝不封禅，后世人难道认为汉文帝不如秦始皇吗？"

李世民正是欲擒故纵地掩饰自己打算，他想听一听别人的意见。

魏征站出来表示不同意见。

李世民心里很不高兴，但是作为一个能听臣子建议的明君来说，他仍和颜悦色地问魏征说："朕想听听你的意见，你要直截了当地回答，不要隐瞒。你不同意封禅，是因为朕的功绩不高吗？"

魏征答道："陛下虽然功高，但人民尚未感到陛下的恩惠；天下虽已安定，但目前尚没有条件保证封禅大典的供应无缺；远方异邦虽已臣服，但还无法满足他们的需求，粮食虽连年丰收，但仓库还很空虚。天下还有太多的事情要做，所以臣以为还不能封禅。"

魏征接着说："臣一时找不出较早的例子，暂举日常所见为喻。譬如有人长期患病，疼痛得不能支持。后来，久经治疗刚刚病愈，全身只剩下皮包骨了，却要他背负一石米，一天行走100里，这一定是不可能做到的。隋朝之乱，不止10年。陛下犹如良医，为之精心治理，解除了百姓的病苦，使天下得到安定，但国家还不够充实，这种情况和所举的初愈病人的例子颇为相似。现在就告诸天地，说自己大功已成，臣个人以为为时尚早。”

魏征又说：“东巡封禅，千乘万骑，兴师动众，所到之处，供应耗费巨大，地方官府负担加重，必然会加重老百姓的赋税。就是竭尽财力赏赐，也满足不了远方来宾的欲望。再免除几年徭役，也补偿不了百姓这次封禅的劳役所费。一旦再遇上水、旱之灾，风雨之变，就会遭到庸人们无知的议论和责难，那时追悔也来不及了。这不只是为臣有此诚心地恳求，他人也多有此种议论。”

李世民虚心接受了他的建议，打消了封禅的念头。

对于我们个人来说，应该虚心接受别人的意见。别人对自己的忠告，一定要虚心听取，好的吸收，不好的引以为戒。

8. 用爱心打造自己的人生

我觉得，一个作家最重要的品德是爱祖国，爱人民，爱人类。在这三爱的基础上，那些皇皇巨著才能有益于人，无愧于己。

——季羡林《病榻杂记》（悼巴老）

季羡林认为“爱祖国，爱人民，爱人类”是一个作家最重要的品德，说白了，也就是做人要有一颗爱心。所谓“爱心”既指爱己之心，但更偏重于爱人之心，也就是在想着自己的同时也要想着别人。

如果一个人没有爱人之心，任何时候都只想着自己，那么这个人就是一个自私自利的人。通常说来，自私自利者都是以损害公共利益、损害他人利益来肥壮自己，满足自己的虚荣心。“点燃别人的房子，煮熟自己的一个鸡蛋。”这句英国俗语形象地刻画出自私自利者的丑态。用贪污挪用或盗窃等手段把公共的或别人的财产侵吞为自己的财产，这样的人，灵魂都是卑鄙的、污浊的。

托尔斯泰是世界上最著名的小说家之一，他的三部著作《战争与和平》、《安娜·卡列尼娜》和《复活》在人类的文学宝库中永远光芒四射。本来，他和妻子的生活应该是最幸福、最令人羡慕的。他们拥有财富、社会地位和儿女。他们时常双双下跪，祈求上帝使他们的幸福长存。然而，就像他在《安娜·卡列尼娜》中写的那样："幸福的家庭都彼此相似，不幸的家庭却各有各的不幸。"婚后没过多久，惊人的变化就发生了。

托尔斯泰的生活是一场悲剧，而其原因就是他和妻子之间最根本的矛盾——爱心和自私自利之间的矛盾。托尔斯泰渐渐对自己写出的巨著感到惭愧，并且全力撰写呼吁和平、制止战争和消除贫困的小册子。他放弃了全部财产，过着清贫的生活。相反，他的妻子却喜爱奢华，追求社交界的名声和赞誉，并且对金钱和财产有一种近似病态的占有欲，完全不顾丈夫的博爱、民主、自由的主张。当丈夫违拗了她的意志时，她就歇斯底里地发作，把装着鸦片的小瓶子凑到嘴边，在地板上打滚，发誓要自杀。

他们刚刚结婚时是幸福美满的。可是48年之后，托尔斯泰甚至连看妻子一眼都忍受不了。

后来，82岁的托尔斯泰终于再也忍受不了自己呼喊着民主、平等、博爱，而家人却在眼前过着奢靡腐烂的生活，他于1910年10月的一个飘着雪花的夜晚离开了自己的妻子，进入黑夜的寒冷之中。他自己也不知道要去什么地方。11天之后，他在一个火车站上死于肺炎。他临终前最后的要求是，不许他的妻子前来看他。

托尔斯泰的这段婚姻的悲剧一经曝光，人们为他惋惜，同时也对他的妻子进行了谴责。有文章称她是卑鄙和愚昧的女人。这就是托尔斯泰伯爵夫人为只顾自己、不顾他人的自私自利的行为所付出的代价。

事实上，自私自利的行为都是贪婪所致。现在，由于社会的快速发展，物质的享受大大提高。许多人崇尚享受，追求物质生活，物欲无法获得满足就起贪念，抢劫、盗窃、绑架，种种恶行层出不穷，而相比之下，爱心似乎已经被这个世界遗忘了。

自私自利的根源在于欲望，而欲望是无止境的，在满足欲望的同时，也会相对地迷失自我，而产生一种错觉，以为财富和地位就代表了自己，可是当所有的一切消失时，精神就会张皇失措，无所依靠。所以，我们一定要做到人人相亲相爱，大家互相帮助，而不是人人尔虞我诈。如果你仍然觉得爱心无足轻重，请看看下面两则故事。

在法国有个孤独的老人，无儿无女，身体也不好，所以决定搬到养老院，在此之前，他要卖掉那所漂亮的房子。

这所房子很有名，所以大家都争着来买。房子的底价是8万法郎，但人们很快就将它炒到了10万法郎，而且价钱还在不断上涨。老人很忧郁。是的，要不是身体不行了，他是不会卖掉这栋他度过大半生的房子的。

这时，有个小伙子来到老人面前，弯下腰低声说："先生，我也想买这栋房子，可我只有1万法郎。""但是，但是它的底价就是8万法郎，"老人淡淡地说："而且现在它已经升到10万法郎。"小伙子并不灰心，他诚恳地说："如果您把房子卖给我，我保证会让您生活在这里，和我一起喝茶、读报、散步。相信我，我会用心来照顾您！"

这时，老人站起来，叫人们安静下来，说："朋友们，这房子是他的了。"小伙子出人意料地赢得了胜利。

这个小伙子为什么凭1万法郎就胜出了？原因很简单，因为他表示，他将用心照顾一个孤独的老人。我们知道，孤独的老人最需要的就是别人的照顾和关心。小伙子正是献出了他的爱心，才胜过了那些愿意出10万法郎购买房子的人。

爱心在哪里，你的财富和成功就在哪里——不论你遇到怎样的困难、怎样的逆境、怎样的迷茫，也不论何时何地，只要有一颗真正的爱心，你就能像磁铁一样，吸引到美好的事物以及幸福的生活。

一个失去了双亲的小女孩与奶奶相依为命，住在楼上的一间卧室里。一天夜里，房子起火了，奶奶在抢救孙女时被火烧死了。大火迅速蔓延，一楼已是一片火海。

邻居已经呼叫过火警，无可奈何地站在外面观望，因为火焰已经封住了所有的进出口。这时，小女孩出现在楼上的一扇窗口，哭叫着救命，人群中传布着消息说：消防队员正在扑救另一场火灾，要晚几分钟才能赶来。

突然，一个男人扛着梯子出现了，梯子架到墙上，人很快钻进火海之中。当他再次出现时，手里抱着小女孩。孩子交给了下面迎接的人群，男人消失在夜色之中。

调查发现，这个孩子在世上已经没有亲人了，几周后，镇政府召开群众集会，商议由谁来收养她。小女孩非常懂事，也非常可爱，很多人都提出了收养的请求。

一位教师愿意收养这孩子，说她能保证孩子受到良好的教育。一个农夫也想收养这孩子，他说孩子在农场会生活得更加健康幸福。其他人也纷纷发言，述说把孩子交给他们抚养的种种好处。最后，本镇最富有的居民站起来说话了："你们提到的所有好处，我都能给她，并且能给她金钱和金钱能够买到的一切东西。"

从始至终，小女孩一直沉默不语，眼睛望着地板。"还有人要发言吗?"会议主持人问道。这时，一个男人从大厅的后面走上前来。他步履缓慢，似乎在忍受着痛苦。他径直来到小女孩的面前，朝她张开了双臂。人群一片哗然。他的手上和胳膊上布满了可怕的伤疤。

孩子叫出声来："这就是救我的那个人!"她一下子蹦起来，双手死命地抱住了男人的脖子，就像她遭难的那天夜里一样。她把脸埋进他的怀里，抽啼着哭泣了一会儿。然后，她抬起头，朝他笑了。

在我们的生活中，处处充满了爱的阳光，用爱心来生活的人在爱别人的同时，也会收获无穷的爱。所以说，在这个世界上，没有什么比爱心更值得珍惜的了。

第五章

情满胸怀，重义人生

——寄情亲朋师友

1. 现实主义的爱情

根据我个人的观察与思考，我觉得，世人对爱情的态度可以笼统分为两大流派：一派是现实主义，一派是理想主义。蒙田显然属于现实主义，他没有把爱情神秘化、理想化。

——季羡林《季羡林谈人生》（爱情）

爱情是人类一个亘古常新的话题，任何一个人生的思考者都无法避开它。很多人将爱情神秘化、理想化，季羡林先生则认为现实主义的爱情更真切，也更感人。

这是一个真实的故事，是朋友方方讲给我听的：

那天中午，到了吃饭的时间，方方又去了那家小吃店，要了一碗面条。她刚吃了几口，就看到小吃店走进来一对中年夫妇，这对夫妇之所以能够引起她的注意，是因为他们实在是有些特别：男的有一只眼睛看不见了，身后背着一把二胡；女的是个盲人，在男的搀扶下，摸索着坐到方方对面的椅子上。

大概是两个卖艺的吧，方方心想。

“大碗豆花米粉，两份。”男的将二胡靠在墙角，高声对店员喊。

刚坐下来，男的又起身去拿筷子，顺便付了钱，又向店员说了几句什么。

过了一会儿，米粉上来了，却是一大一小两碗。男的仔细地将豆花米粉弄碎、拌匀，然后将大碗递给女的。

女的吃了两口问："那你呢?"

"我也是豆花米粉，大碗的，足够了。"

方方有些吃惊——

"这种不是大碗的。"坐在方方旁边的一个小男孩忽然说。他一定以为，这个叔叔被骗了，他吃的是小碗的，却付了大碗的钱。

中年男子并没有抬头，继续低头吃着。

"叔叔，你吃的这种不是大碗的。"小男孩以为他没听见，重复道。

中年男子慌忙抬头，冲男孩摆摆手。

"多嘴!"小男孩的母亲厉声呵斥。

"本来就是嘛。"男孩一脸委屈。

这时，正吃米粉的女人停了下来，侧着头仔细辨别声音的方向，她的脸轻轻地抽搐了一下。

吃完米粉，他们相互搀扶着走出了小吃店。

方方被这一对盲人夫妇感动了，这时正好她也吃完了，默默地走在他们后面。

"今天吃得真饱。"男的说。

女的沉默了一会儿——

"你不要骗我了，你吃的是小碗，你一直瞒着我。"女的失声哭了起来。

"我不饿，真的不饿，你……你别这样，路人看了多不好……"男的有些手足无措，扯起衣袖为妻子擦泪。

方方讲完，泪水溢满了眼睛，我的眼睛也是湿湿的。

爱无需海誓山盟，爱不必书写描画，爱更不是挂在嘴边，爱只在心里，只在关心他人的实际行动中。在爱的王国里，没有任何的形式阻拦，无形无色，又无孔不入。这就是现实主义的爱情观。

还有一个故事，这个故事是从书上读来的：

一个男孩对一个女孩说："如果我只有一碗粥，我会把一半给母亲，另一半给你。"于是，女孩子喜欢上了这个男孩。

有一次村里发大水，男孩忙着去救别人，而没有去救女孩。别人问他为什么，男孩说："如果她死了，我也不会独自活在这个世上。"那一年女孩 20 岁，男孩 22 岁，女孩嫁给了男孩。

后来，遇到闹饥荒的年月，他们两人只有一碗粥，他们互相谦让，都想让对方吃下去，结果这碗粥三天后发了霉。那时，他们分别是 40 岁和 42 岁。

当他 52 岁那年，因家庭成分不好被挂上牌子批斗，也已 50 岁的她心甘情愿地陪伴着他。她告诉他，"无论有多大的苦多大的难，你是我生命中唯一的支流，我永远是你爱的源头"。

许多年又过去了，他们成了 70 多岁的老人。在一次坐公共汽车时，有一位年轻人给他们让座，他们都不肯坐下而让对方站着，于是两个人紧紧靠在一起抓着扶手。这时车上所有的人都被这美丽而朴素的风景感染了，齐刷刷地站了起来，充满无限敬意的眼睛，仿佛看到他们心中的玫瑰花正在盛开，醉人的温馨里浸润着浓浓的恋意……

在季老看来，爱情就是在携手同行的道路上，不管风风雨雨，相互勉励与祝福，共同承受生活中的痛苦与磨难、幸福与快乐，一生一世。

这就是爱情，永恒的爱情，弥足珍贵的钻石爱情。

2. 纯真的爱

我认为，在爱情的某一个阶段上，可能有纯真之处，否则就无法解释日本青年恋人在相爱达到最高潮时有的就双双跳入火山口中，让他们的爱情永垂不朽。

——季羡林《季羡林谈人生》

（爱情）

季老在肯定现实主义爱情观的同时，也并不否认爱情的纯真，他相信那种真挚的、永垂不朽的爱。

有这么一则故事：

从前，有一对年轻的男人和女人，他们相遇在一个舞会上。男人非常喜欢这个女人，舞会结束时，他向她发出了邀约，也许出于一种基本的礼貌，女人并没有拒绝。

于是，男人带着女人，去了一家咖啡馆小坐，两个人各点了一杯咖啡。气氛是静默的，甚至有些紧张。

这个时候，男人忽然对服务生说，请拿一些盐过来。

服务生和女人都为男人提出的要求而惊讶。她问："难道你是要往咖啡里加盐吗?"

"是啊。"男人的回答是肯定的。

女人和身旁的服务生都笑了。多么可爱的人啊，一个可爱到要往咖啡里加盐的男人。两个人先前有些静默甚至紧张的气氛，骤然得以松弛，渐渐地有了一些对谈。女人还是抑制不住唇角的笑意，但她很认真也很好奇地问男人：“你咖啡里加盐的习惯是怎样形成的?”

在咖啡馆中幽暗的光影里，男人有着微微的憨态，唇边挂着淡淡的微笑。男人对面前的女人说：“我从小生活在海边，是渔民的儿子，从小到大就是在咸咸的海水里嬉戏成长。长大离家，回家的次数减少，便逐渐习惯在城市中生活时往咖啡里加盐。那种在嘴里咸咸的味道，令我常常想起小时候在故乡，海水里的盐粒粘在唇角的样子，那里面有故乡的气味。我习惯用这样的方式，来寄托在城市里的乡愁”。

咖啡馆里，男人寥寥的几句话，让女人听得感怀万分。因为她一直觉得会思念故乡的男人是很顾家的男人，而这一点其实也是她找寻男友的一个必备条件之一。另一方面，她自己也是一个远离故乡多年，常常乡愁无法诉说的女子。

仿佛遇到了知音。在温暖的咖啡馆里，两个人谈到在故乡的点滴往事，感怀不已，两颗心的距离一下子被拉近了。

那一夜，女人还破例接受了男人送她回家的请求。恋情就此开始。于是，有了越来越多的约会。

他们依然常常去咖啡馆。在不同的咖啡馆里，每回在别人惊诧的目光中，女人都会温柔地对那里的服务生说，拿点盐来，我的男朋友很喜欢往咖啡里加盐。

女人的言语间，流露出自豪温暖的表情。有时她亲手替男人把盐加到咖啡里，看着男人一口一口地喝下，心里会暗自庆幸自己当时因为礼貌没有拒绝男人的第一次邀约，要不，就真的会错过这样一个体贴的恋人。

两年后，男人和女人如愿结婚。他们的生活幸福而安逸，一过就是40年。遇上这样一个男人，是女人一生里觉得自己做的最满意的一件事。那是男人和女人婚后的第四十个年头，他和她在漫漫的人生岁月里，已经手牵着手，从年轻、幸福地走向苍老。

也是在这一年，男人得了一场重病，入院治疗，然而，还是在不久后离开了女人。女人的悲伤就不必说了。

葬礼后的一个阳光很好的清晨，女人在屋内整理着男人的遗物，于是她发现了男人留给她的一封信。女人头上的白发在细细的晨风里，轻轻地摇动，然后，她颤巍巍地展开了那封信。

男人在信里对女人说：

“亲爱的，请你原谅我。当你看到这封信的时候，我已经死了。而死人总是容易得到原谅的，不是吗？

“我骗了你 40 年。

“因为我从来都是一个不喜欢喝加盐的咖啡的男人。当年我们的第一次约会，静默而紧张，我心里不安，才临时想出了这样一个往咖啡里加盐的话题。

“那时，我真的没有想到，我会因此而喝了 40 年的加盐咖啡。

“这么多年以来，我一直想告诉你真相，亲爱的，你会原谅我吗？”

女人拿信的手，微微地颤动，表情却是幸福而祥和的。

男人或许不会知道女人当时的心情，其实，她早已原谅了他。

由于一次小小的谎言，一个男人为了自己心爱的女人，甘心情愿地喝了 40 年的加盐咖啡。即便这是一个藏了 40 年的谎言，可还有什么不可以原谅的呢？

他不知道，她多想告诉他自己是多么高兴和感动，有人为了她，能够做出这样的一生一世的欺骗……

爱情是一颗天然的宝石，它需要去设计，更需要去雕琢。否则，爱情都将黯然失色。经过设计雕琢，爱情才会如宝石般光芒四射。

傍晚，雨晴散步到天桥边，见到一个小伙子正吃力地背着个姑娘上天桥，额上渗着细密的汗珠。雨晴赶忙过去帮着搀扶，问那个吃力的小伙子：“她生病了吧？我帮你叫车送医院”。

来到天桥上，姑娘忽然大笑起来，小伙子忙向雨晴道歉：“对不起，谢谢您，我们在玩游戏”。

“什么？”雨晴在尴尬中略有些愠怒。

姑娘好半天才停住笑，她告诉雨晴说今天是他们结婚三周年纪念日，他们特意请假出来逛街。“他没有钱，我不要他买什么礼物，但他有力气，所以要他背我上天桥，才背三个来回，就累了，将来结婚30周年，我让他背30个来回，累死他那把老骨头……”姑娘趴在小伙肩上又笑了起来。

以旁人的眼光看，那位姑娘长得俗气，甚至有点丑陋，但此刻，她却被宠得像个娇贵的公主。

很多人很多时候以为，浪漫必定和鲜花、烛光、音乐相连，却不知道世上还有这样一种别致的穷人的浪漫。

浪漫是生活的一种调味品，没有人不喜欢浪漫，无论是年轻人还是老年人，无论是富人还是穷人，只是表达的方式各有不同，但有一点是相同的，那就是表达一种美丽的情感，就是爱的纯真。

3. 关于我们的老师

在深切怀念我的两个不在眼前的母亲的同时，在我眼前的一些德国老师们，就越发显得亲切可爱了。

——季羡林《学问人生：季羡林自述》（我的老师们）

我们都知道，季老曾经留德10年，与瓦尔德、施米特教授、西克教授等老师结下了深厚的情谊。季老是一个尊师重教的人，那么在他心目中，老师究竟是怎样一种形象呢？老师对于我们来说处于什么样的位置呢？

我们有两个导师，一个是外在的先知，另一个就是我们自己的心灵。

前一个导师是引进门的人，后一个导师是手把手教会我们穿衣吃饭的恩人。

世上有没有告诉学生“不要把我当老师”的老师？有的，孔子就这样。孔子告诉我们要“内自省”，他的话就到此为止了，并不是帮助我们自省。

孔子的伟大就在于此，尽管他只对我们的人生提供了参考与建议，我们的心灵也完全可以真诚地认孔子为导师。

这样的导师不指导学生，只提建议。这样的导师不会扼杀学生，而是让学生蒙昧的心灵得以自由舒展，最终以认真地自修成为诗人与贤人，得以用睿智的眼光来看待一切。

我们不妨看一看下面这则关于老师和学生的故事。

在高中，那只是个普通班，比起由尖子生组成的 6 个实验班来说，考上大学的机会微乎其微，因此除了几个学习好点的同学很努力外，大多数人都等着混个文凭，然后找份工作。

这个普通班的班主任兼英语老师是个刚从师范学院毕业的学生，他非常敬业，每日催着学生学习学习再学习，作业作业再作业。但是说归说，由于抱着破罐破摔的想法，这个班里的成绩仍然上不去，每次都是全年级最差的。

直到高二的一次英语联考，普通班的成绩破天荒地超过了几个实验班的学生，这让他们接连兴奋了好几天。

发卷的时候到了，老师平静地把卷子发给学生。学生们欣喜地看着自己几乎从没得过的高分，老师说："请同学们自己计算一下分数。"数着数着，这些学生发现他们的分竟比实际分数高出 20 分，大家纷纷喊了起来，"老师怎么给我们多算了 20 分。"顿时，课堂上乱了起来。

老师摆了摆手，班上静了下来。他沉重地说："是的，我给每位同学都多加了 20 分，这是我为自己的脸面，也是为你们的脸面多加的 20 分。老师拼命地教你们，就是希望你们为老师争口气，让老师不要在别的老师面前始终低着头，也希望你们不要在别的班的同学面前总是低着头"。

老师接着说："我来自山村，我的父母都去世得早，上中学时我连红薯土豆都吃不起；大学放暑假，我每天到建筑工地拉砖，曾因饥饿而晕倒。但我就是凭着一股要强的精神上完师院，生活教会我在任何时候都不能服输。而你们只不过被分在普通班就丧失了信心，我很替你们难过"。

这时候，教室里安静极了，同学们都低下了头。老师继续说："我希望我的学生都做要强的人，任何时候都不服输，现在还只是高二，离高考还有一年多的时间，努力还来得及，愿你们不靠老师弄虚作假就挣回足够的分数，让老师能把头抬起来，继续要强下去"。

"同学们，拜托了！"说完，老师低下头，竟在课堂上深深地鞠了一躬。当老师抬起头的时候，他的眼睛流出了泪水。

"老师。"班里的女生们都哭了起来，男生的眼里也含满了泪水。

那一节课，学生们没有学到专门的知识，但却学到了做人的道理，一年后的高考，这个班以普通班的身份夺得了全校高考第一名。据校长讲，这在学校的历史上是从来没有过的。

“普通班”与“重点班”的差异并不是智商的高低，而是信念、努力的差别。这位老师的成功之处在于，他引导学生树立了这种信念，使他们能够自我反省，重新找回人生的目标。这就是我们心目中的老师。

4. 家庭是人生的避风港

在任何时代，人生都是一场搏斗，搏斗就难免惊涛骇浪。在这样的浪涛中，有胜利者，当然也有失败者。在整个社会中，家庭对这样的浪涛来说，就是一个安全的避风港。

——季羡林《季羡林谈人生》

（梦游21世纪）

季老对于家庭是非常看重的，他认为，对于个人而言，家庭就是一个安全的避风港，无论在外面遇到了多大的风浪，一旦回到家就会感到无限的温馨和快乐。然而，并不是所有的家庭都是那么温馨、快乐，所以家庭的和谐还需要各成员之间的互相合作。

我们不妨先看看下面这则小故事。

李林去一个朋友家做客，出了电梯，赫然见到门上挂了一方木牌，上面写着两行字："进门前，请脱去烦恼；回家时，带快乐回来。"他久久凝视，细细品味，不禁对这家主人萌生无限敬佩，这短短两句话蕴含的却是深奥的哲理。

进屋后，男主人一团和气，孩子大方有礼，一种看不见却感觉得到的温馨、和谐，满满地充盈着整个空间。

李林询问那块木牌，女主人甜蜜地笑笑说："这是我们共同的创造。"

她慢慢地解释说："其实也没什么，一开始只是提醒我自己，身为女主人，有责任把这个家经营得更好……有一次我在电梯镜子里看到一个充满疲惫、灰暗的脸，一双紧锁的眉头，下垂的嘴角，忧愁的眼睛……把我自己吓了一大跳。于是，我开始想，当孩子、丈夫面对这种愁苦暗沉的面孔时，会有什么感觉？假如我面对的也是这样的面孔时，又会有什么反应？接着我想到孩子在餐桌上的沉默，丈夫的冷淡，这些在我原本认为是他们不对的事实背后，隐藏的真正原因竟是我！当时我吓出一身冷汗，为自己的疏忽……当晚我便和丈夫长谈，第二天就写了一块木牌钉在门上提醒自己。结果，被提醒的不只是我自己，而是一家人……”

家，应该是最舒服、安全、稳定、快乐的地方。下次你回家时，不妨先对自己说：“进门时，先脱去烦恼。”更记得要把快乐带回家。

虽然家是快乐的、温暖的，但人世间千姿百态，诱惑多多，要维护一个完整的家，也往往并不是那么容易，有时候需要你好好花一番心思。

他和她结婚时家徒四壁，除了一处栖身之所外，连床都是借来的，更不用说其他的家具了。然而她却倾尽所有买了一盏漂亮的灯挂在屋子正中。他问她为什么要花这么多钱去买一盏奢侈的灯，她笑着说：“明亮的灯可以照出明亮的前程。”他不以为然，笑她轻信一些无稽之谈。

渐渐地，日子好过了。两人搬到了新居，她却舍不得扔掉那一盏灯，小心地用纸包好，收藏起来。

不久，他辞职下海，在商场中搏杀一番后赢得千万财富。像许多有钱的男人一样，他先是招聘了一个漂亮的女秘书，很快女秘书就成了他的情人。他开始以各种借口外出，后来干脆无须解释就夜不归宿了。她劝他，以各种方式挽留他，均无济于事。

这一天是他的生日，妻子告诉他无论如何也要回家过生日。他答应着，却想起漂亮情人的要求。犹豫之后他决定去情人处过生日后再回家过一次。

情人的生日礼物是一条精致的领带。他随手放到一边，这东西他早已拥有太多。半夜时分他才想起妻子的叮嘱，忙急匆匆赶回家中。

远远看见寂静黑暗的楼房里有一处明亮如白昼，他看出来正是自己的家，一种遥远而亲切的感觉在心中升起。当初她就是这样夜夜亮着灯等他归来的。

推开门，她正泪流满面地坐在丰盛的餐桌旁，没有丝毫倦意。见他归来，她不喜不怒，只说："菜凉了，我去再热一下。"

他没有制止她，因为他知道她的一片苦心。当一切准备就绪之后，她拿出一个纸盒送给他，是生日礼物。他打开，是一盏精致的灯。她流着泪说："那时候家里穷，我买一盏好灯是为了照亮你回家的路；现在我送你一盏灯是想告诉你，我希望你仍然是我心目中的明灯。可以一直照亮到我生命的结束。"

他终于动容，一个女人选择送一盏灯给自己的男人，应该包含着多少寄托与企盼！而他，愧对这一盏灯的亮度。

他最终选择了妻子，放弃了情人。因为他已明白爱是一盏灯，不管它是否能照亮他的前程，但它一定能照亮一个男人回家的路。因为这灯光是一个女人从心底深处用一生的爱点燃的。

一个妻子不帮助或促使丈夫朝好的方向发展，就可能诱使丈夫朝坏的方向堕落。简而言之，一个好妻子完全可能成就一个伟男子；一个坏妻子也完全可能毁灭一个原本十分优秀出众的男人，可见家的重要。

有这样一对夫妇，当他们正值青春年少的时候，男人却因莫须有的罪名被投进了监狱。在那以后漫长的日子里，女人用她柔弱的身子支撑起了这个将倾的家庭。她孝敬老人，抚育幼子，在艰难的岁月里，她曾用自己身体里的血换来一家人赖以活命的粮食……

当男人从监狱里面解放出来的时候，他那曾经如天鹅一般美丽的女人已经被生活折磨得形如枯槁。女人积劳成疾，身染重病。男人知道他心爱的女人已来日不多……

他动用了一生的积蓄，带着他的女人访遍了名医。当所有药物都对女人不起作用时，男人就拿出了他珍藏多年的日记本——那里面写满了他年轻时对女人的爱慕。他们用年轻人的方式温习着往日的恋情，他们携起手来与死神对抗。也许是爱创造了人间的奇迹，这对夫妻一直携手进入了耄耋之年。

女人终于去了，她的生命如同耗尽油的一盏灯。在男人整理女人遗物的时候，他发现衣柜里面全都是他的毛衣、毛裤，都是他喜爱的颜色。那些毛衣毛裤足够他穿到100岁，女人虽然先走了，但她留下了她编织的毛衣陪着她的男人，女人用爱编完了一生。

女人去世之后，男人就把妻子留下的钥匙缝在贴身的口袋里。那把已经磨得很光滑的钥匙上面，似乎还残留着女人的指痕。男人嘱咐他的儿子，等到那一天，他也去了的时候，一定要把两把钥匙放在一起……

5. 对朋友要讲信义

在宗法伦理色彩极强的中国社会中，朋友被尊为五伦之一，曰“朋友有信”。我又记得什么书中说：“朋友，以义合者也。”“信”、“义”含义大概有相通之处。

——季羡林《季羡林谈人生》（论朋友）

对于中国宗法社会中一些正确的伦理道理，季羡林先生是笃信并一直坚守的，其中“朋友有信”就是一条。季老说他虽然朋友并不是很多，但每一个都是靠得住的，这与他平日里“信”、“义”的处事原则不无关系。

守信，是中华民族的优秀文化传统之一，自古以来，中国人都十分注重讲信用，守信义。中国人历来把守信作为为人处世，齐家治国的基本品质，言必信，行必果。中国古人有言：“君子以诚信为本，小人以趋利为务。”清代顾炎武曾赋诗言志：“生来一诺比黄金，哪肯风尘负此心。”表达了自己坚守信用的处世态度和内在品格。可见，处之本，在于诚信。为人处世决不能见利忘义，不讲信用。

做人最根本的一条是诚信。一个人如果时时、处处、事事讲信用，那么他的事业将会走向成功，人生将会亮丽多姿。

诚信乃做人之本，这是多少成功人士恪守的人生准则。人生向上的基础是诚、敬、信、行。诚是构成中国人文精神的特质，也是中国伦理哲学的标志。诚是率真心、真情感；诚是择善固执；诚是用理智抉择真理、以达到不疑之地。不疑才能断惑，所谓“不诚无物”就是这个道理。而“信”则是指智信，不是迷信、轻信，这种信依赖智慧的抉择，到达不疑，并且坚定地践行。

为人处世，信守诺言是非常重要的。那些受欢迎的人，常用各种不同的方式把他们的特点展现在人们面前，其中最显著的特点便是任何时候都有守信、遵约的美德。

东汉时，汝南郡的张劭和山阳郡的范式同在京城洛阳读书，学业结束，他们分别的时候，张劭站在路口，望着天空的大雁说：“今日一别，不知何年才能见面……”说着，流下泪来。范式拉着张劭的手，劝解道：“兄弟，不要伤悲。两年后的秋天，我一定去你家拜望老人，同你聚会。”

落叶萧萧，篱菊怒放，这正是两年后的秋天。张劭突然听见天空一声雁叫，牵动了情思，不由自言自语地说：“他快来了。”说完赶紧回到屋里，对母亲说：“妈妈，刚才我听见天空雁叫，范式快来了，我们准备准备吧！”“傻孩子，山阳郡离这里一千多里路，范式怎会来呢？”他母亲不相信，摇头叹息：“一千多里路啊！”张劭说：“范式为人正直、诚恳、极守信用，不会不来。”他母亲只好说：“好好，他会来，我去备点酒。”其实，老人并不相信，只是怕儿子伤心，宽慰宽慰儿子而已。

约定的日期到了，范式果然风尘仆仆地赶来了。旧友重逢，亲热异常。老妈妈激动地站在一旁直抹眼泪，感叹地说：“天下真有这么讲信用的朋友！”范式重信守诺的故事一直为后人传为佳话。

在现实生活中讲信用，守信义，是立身处世之道，是一种高尚的品质和情操，它既体现了对人的尊敬，也表现了对己的尊重。但是，我们反对那种“言过其实”的许诺，也反对使人容易“寡信”的“轻诺”，我们更反对“言而无信”、“背信弃义”的丑行！

在社会交往中，如果真能主动帮助朋友办点事，这种精神当然是可贵的。但是，办事要量力而行，说话要注意掌握分寸。因为，诺言能否兑现不仅有个自己努力程度问题，还有一个客观条件的因素。有些在正常情况下是可以办到的事，后来由于客观条件起了变化，一时办不到，这种情况是有的，这就要求我们在朋友面前不要轻率地许诺。有的事，明知办不到，就应向朋友说清楚，要相信朋友是通情达理的，是会原谅的，千万不要打肿脸充胖子，在朋友面前逞能，轻率许诺。这样，不但得不到友谊和信任，而且反而会失去朋友。

孔子说："吾日三省吾身：为人谋而不忠乎？与朋友交而不信乎？"朋友之间不但需要理解，不但需要推心置腹，更重要的就是信义。人无信不立。要赢得朋友的尊重，要赢得友谊的长久请珍惜信义之道。

6. 夫妻间要懂得宽容

如果一个人不想终生独身的话，他必须谈恋爱以至结婚。这是“人间正道”。但是千万别浪费过多的时间，终日卿卿我我，闹得神魂颠倒，处心积虑，不时闹点小别扭，学习不好，工作难成，最终还可能是“竹篮子打水一场空。”这真是何苦来！

——季羡林《我的人生感悟》

（爱情）

对于爱情和婚姻，季老坚守现实主义的原则，他认为家庭是人生的避风港，是快乐温馨的所在。居家过日子，只有夫妻之间相互谅解才能共同建构起一个和谐、美满的小家。否则，婚姻很快就会走到尽头。

小张和阿芳结婚 4 年了。4 年来，他们经常为一些鸡毛蒜皮的小事吵吵闹闹。

这天阿芳回娘家，小张下班回来发现钥匙弄丢了，进不了门。他费尽周折，最后才在邻居那里“借”来一个特别瘦小的孩子，让孩子从防盗窗的空隙钻进去，打开房门。

小张知道小抽屉里还有一把备用的钥匙，他拉开小抽屉，可钥匙却不见了。等妻子回来，小张就问：“阿芳，小抽屉里的钥匙呢？”阿芳不高兴地说：“我把钥匙给我父亲了。怎么，这你也要管？怕我父亲开门来偷东西？你放心吧，我父亲不是贼。”小张本来想告诉妻子，说自己今天丢失了钥匙，可听到妻子一开口火气就这么大，他就懒得说了。

阿芳的嘴却不懒，她把小张追问钥匙的事告诉了母亲。阿芳的母亲赶紧对丈夫说："老头子，你快点把钥匙还给小张。万一他家里丢了什么东西，你跳进黄河也洗不清。"阿芳的父亲生气地说："我要他的钥匙，是为了送米给他的时候方便进门，谁偷他的东西啦？"老人种有几亩田，常常送米给女婿。

阿芳的父亲终于把钥匙还给了小张。从此以后，他不再送米给女婿了。阿芳的父亲心中愤愤不平，一见到熟人就把他送米给女婿反而被女婿当做贼的事讲一遍，讲完后，总是叹气说："唉，我真是瞎了眼，把女儿嫁给这么缺德的人。"

不久，阿芳父亲的话传到了小张的耳朵里，他气呼呼地质问岳父："你怎么骂我缺德？"阿芳的父亲说："你就是缺德。我当初把阿芳嫁给你真是瞎了眼。"小张说："嫁错可以离婚嘛！"阿芳的父亲说："离就离！"

阿芳却不想离婚，她拉住小张的衣袖说："如果你改正，我愿意跟你过一辈子。你快向老爸认个错吧。"小张说："你们把污水泼在我身上，还要我认错，岂有此理？"阿芳生气地说："你不要抵赖了，现在谁不知道你把我父亲当做贼？"小张说："算了算了，我怕你，我走。"

离了婚后，小张和阿芳才想：到底为什么离婚呢？好像只为一把钥匙，又好像为了很多。

婚姻需要彼此的信任、坦诚和心灵的沟通才能持久。仅因一段小小的误会就结束美满的婚姻会让人悔恨不已的。季羡林先生所批评的就是这样一类人，不懂得宽容，不懂得信任，为一件小事弄到神魂颠倒，处心积虑，最后不得不各奔东西。其实，有时候只要其中一方退一步便会由分手变美满，而事实往往就差这一步。

风和月在大学读书时曾经是一对恋人，后来却因为一个现在看起来是微不足道的小事闹翻了。他们后来的婚姻都不太美满，所以时时怀念年轻时的那段恋情。现在，皱纹已经爬上了他们的额头，头顶的白发也越来越多，有一个偶然的机会，他们又相聚了。

风问月："那天晚上我来敲你的门，你为什么不开门？"

月说："我在门后等你。"

"等我？等我干什么？"风奇怪地看着她。

"我要等你敲第10下才开门——可是你只敲了9下。"

他们都为这事后悔了。

月后悔自己过于执拗，假如她在他敲第九下的时候把门打开，或者在他离去时把他叫回来，这样她已经很有面子了，为什么非要坚持等那第10下不可呢？

风呢，几十年之后如梦初醒：原来那扇门并没有关死呀！可他为什么不继续敲下去呢？假如多敲一下，一切就会完全不一样了，只是少敲了一下，就使两个原本很相爱的人天各一方，空守着自己一生的遗憾，这真是一种让人难以释怀的悲哀。

人有时就是容易犯这样的错误，因为过于执拗或不相信前方的那扇门并没有关死而轻易放弃，结果失去了一生的幸福，然而，生命是不会给人第二次机会的。

7. 关于孝道

到了今天，我们应该怎样对待孝呢？我们还要不要提倡孝道呢？据我个人的观察，在时代变革的大潮中，孝的概念确实已经淡化了。不赡养老父老母，甚至虐待他们的事情，时有所闻。我认为，这是不应该的，是影响社会安定团结的消极因素。

——季羡林《季羡林谈人生》

（谈孝）

季老认为，在当今以利益为本的市场经济浪潮中，孝的概念淡化了。事实确实如此。而我们生活中最常见的不孝的事件多发生在儿媳和公婆之间，儿媳认为他们不是自已亲生父母，就不好好赡养。其实，这里存在一个换位思考的问题。不妨看看下面这则故事。

张明和李艳结婚已经一年多了。自从结婚后，家务活全部由张明承担，李艳啥也不干。这还不说，李艳还长了一个偏心眼儿，每次她的父母来，就眉开眼笑，热情款待；而张明的父母上门，就竖鼻子瞪眼，窝头咸菜桌上端。

张明看在眼里，气在心上，总想治治李艳，可是既不好动手打，又不好开口骂，况且打骂也未必能使李艳改变态度。这可怎么办呢？

有一天，张明的父亲从乡下来到城里看望儿子、儿媳。老人一脚就来到张明的厂里，这下张明犯愁了：这可咋办呢？他想呀想呀，猛地想出了一个办法。

张明立即给李艳打了一个电话："喂，李艳，咱家来贵客了。""是谁呀?""是你爹也是我爹。""啊！我爹来了，这可太好了!""我们中午回家吃饭。""好"。

张明请了假，便对他父亲说："爸爸，咱们先到商场、公园去溜达溜达吧?"老头乐呵呵地说了一声"好"，父子俩就去溜达了。

再说李艳听说爹来了，乐得咧开了嘴，提起菜篮上街，烧鸡、鲤鱼、猪肉买了满满一篮，外带一瓶"千山白酒"，回家后就忙活开了。

张明和父亲溜达了一阵，张明估计李艳饭菜快做好了，便说："爸爸，时间不早了，咱们回去吃饭吧。"于是父子俩朝家中走去。

走到家门口，张明喊道："李艳，爸爸来了。"李艳人未迎出，声音先到："爸爸，您可来了!"推开门一看，"啊"的一声，脸顿时变了颜色。

张明和父亲走进屋一看，好酒好菜摆了一桌子。张明说："爸爸，来，咱们吃饭吧！您儿媳妇是带病给您做的饭菜，这不，到现在脸色还不好看呢！李艳，咱陪爸爸吃饭吧!"李艳心里火得直冒烟，又开不了口，就一扭头，说："我不舒服，你们吃吧!"说完走进屋里，一头趴在炕上。

无巧不成书，事隔10天，李艳的妈又来了。张明又给李艳打电话："喂，咱家来贵客了。"李艳冷冷地问："又是哪门子贵客?""咱妈来了。""谁妈?""是你妈也是我妈。"李艳"哼"了一声，便把电话挂了。

李艳挂掉电话，心中暗说：这次非给他点颜色看看。于是，她特意到粮店买了几斤玉米面，贴上了大饼子，又切了一块萝卜疙瘩，摆上一碟已经长了白毛的大酱，专候老太太的到来。

不一会儿，门开了，张明和他丈母娘走了进来。李艳一看，高兴得从床上蹦了下来："妈，怎么是您?"

老太太看了看桌上摆的饭菜，说："你们不是过得挺好吗?"李艳满脸通红，支吾了半天才说："妈，您不是说下个月来吗？怎么现在就来了?"老太太眉头一皱，说："别提了，你弟媳拿我不当人看，整天给我吃窝头咸菜，对我总没有好脸色。我实在呆不下去了，就上这儿来了。"李艳听到这里，脸更红了。她把张明拉到里间，说："张明，我错了。往后我一定像对待我爹妈一样对待你爹妈！”张明笑了。

对待老人，年轻人应该学会将心比心，你的亲生父母把你养大不容易，孝顺是理所当然的，而爱人的父母把他（她）抚养成人也是历尽了千辛万苦，也应该用同样的孝心来对待。这样一来，彼此之间就会相互体谅，建构起一个和谐美满的家庭，你也可以整天生活在快乐之中。否则，家就不再是避风港，而成了一个弹药库。

以前，有一个名叫莉莉的女孩出嫁了。出嫁之后，莉莉跟丈夫和婆婆住在一起。婚后只过了极短的时间，莉莉就发现她根本无法与婆婆相处。她们的性格有天壤之别，莉莉经常被婆婆的一些习惯搞得很生气。不仅如此，婆婆还不断地苛责她。

日子一天一天地过去。莉莉和她的婆婆没有一天能停止吵闹和争斗。天长日久，家中所有的愤怒和不快越积越多，莉莉可怜的丈夫夹在当中，也痛苦不堪。

最终，莉莉再也受不了婆婆的坏脾气和颐指气使，她决定不能再这样忍气吞声下去了，她必须救自己。

于是，莉莉去找她父亲的一位朋友，卖中药的黄先生。她将自己的处境告诉了他，并问他是否可以给她一些毒药，这样她就能一了百了，把所有的问题都解决掉。黄先生想了一会儿，最后说：“我可以帮你解决问题，但你必须听我的话，按照我讲的去做。”莉莉说：“是的，黄先生，我会遵照你说的每一个字去做。”

黄先生进了里屋，几分钟过后拿着一包草药走出来。他告诉莉莉：“你不能用见效快的毒药除掉你婆婆，因为那样会让人怀疑到你。因此，我给你的几种中药是慢性的，毒性将会在你婆婆体内慢慢培植。你最好天天都要给她做些鸡鱼肉类，再放少量的毒药在她的菜里面。还有，为了让别人在她死的时候不至于怀疑你，你必须对她恭恭敬敬如履薄冰。不要同她争吵，对她言听计从，对待她像对待一个王后。”莉莉答应下来，她太高兴了。她谢过黄先生急急赶回家，开始实施谋杀婆婆的计划。

几个星期过去，几个月也过去了。每一天，莉莉都精心烹制有毒药的饭菜伺候婆婆。她记得黄先生说过的话“要避免引起怀疑”，因此她控制自己的脾气，服侍她的婆婆，对待她像对待自己的亲生母亲一样。就这样半年过去，整个家都变了样。莉莉将自己的情绪控制得好，她甚至发现自己几乎不会动怒，更不会像以前那样被婆婆的言行气得发疯。半年里她没有跟婆婆发生过一次争执，婆婆在她的眼中，也比以前和善得多，容易相处得多了。

婆婆对莉莉的态度也改变了，她开始像爱自己的女儿一样爱莉莉。婆婆不住地向邻里街坊和亲戚朋友夸莉莉，说她是天底下能找得着的最好的儿媳妇。莉莉和她的婆婆现在真的像亲母女一样和睦相处了，看到这一切，莉莉的丈夫由衷地高兴。

一天，莉莉又去见黄先生，再次寻求他的帮助。她说："亲爱的黄先生，请帮我制止那些毒药的毒性，别让它们杀死我的婆婆！她已经变成一个好女人，我爱她像爱自己的母亲一样。我不想让她因为我下的毒药而死。"

黄先生颔首微笑："莉莉，尽管放心好了，我从来没给你什么毒药，我给你的药只不过是些滋补身体的草药，那只会增进她的健康。其实，唯一的毒药在你的心里，在你对待她的态度里，但值得庆幸的是，那已经被你给她的爱冲洗得无影无踪了。"

其实，世间的人都是有感情的，你付出了爱就会收获爱。对于老人也一样，你孝顺他们，他们也会体谅你，大家彼此宽容，就构成了和谐美满的家。

8. 友谊地久天长

人是社会动物。一个人在社会中不可能没有朋友。任何人的一生都是一场搏斗。在这场搏斗中，如果没有朋友，则形单影只，鲜有不失败者。如果有了朋友，则众志成城，鲜有不胜利者。

——季羡林《季羡林谈人生》

（论朋友）

对于朋友，每个人都有不同的理解，有的人认为“君子之交淡如水”；有的人把友谊当作追名逐利的垫脚石；而另一些人则正视友谊，把朋友当成人生旅途中的伴侣，携手并进，共同奋斗。季羡林先生属于第三种。这使我不禁想起了一个关于鞋的故事。

在美国，有一个叫德诺的少年，10 岁那年，由于输血，他不幸染上了艾滋病。从此以后，伙伴们都躲着他，不愿意和他玩，只有大他 4 岁的爱笛依旧像从前一样跟他玩耍。

一个偶然的机会，爱笛在杂志上看见一则消息，说新奥尔良的费医生找到了治疗艾滋病的药物，这让他兴奋不已。于是，在一个月明星稀的夜晚，爱笛带着德诺悄悄地踏上了去新奥尔良的路。

为了省钱，他们晚上就睡在随身带的帐篷里，德诺的咳嗽多起来，从家里带来的药也快吃完了。这天夜里，德诺冷得直发抖，他用微弱的声音告诉爱笛，他梦见200亿年前的宇宙了，星星的光是那么暗，他一个人呆在那里，找不到回来的路。爱笛把自己的鞋塞到德诺的手上说："以后睡觉，就抱着我的鞋，想想爱笛的臭鞋还在你手上，爱笛肯定就在附近"。

他们身上的钱差不多快用完了，可离新奥尔良的路还很远，德诺的身体越来越弱，爱笛不得不放弃了原来的计划，带着德诺又回到了家乡。爱笛依旧常常去病房看德诺，他们有时还会玩装死游戏吓医院的护士。

一个秋天的下午，阳光照着德诺瘦弱苍白的脸，爱笛问他想不想再玩一次装死的游戏，德诺点点头，然而这回，德诺却没有在医生为他摸脉时忽然睁开眼笑起来，他真的死了。

那天，爱笛陪着德诺的妈妈回家。两人一路无语，直到分手的时候，爱笛才抽泣着说："我很难过，没能为德诺找到治病的药"。

德诺的妈妈泪如泉涌："不，爱笛，你找到了。"她紧紧搂着爱笛，"你给了他快乐，给了他友情，给了他一只鞋，他一直为有你这个朋友而满足"。

生活中，我们需要的往往不是别的，只是一只鞋；需要我们给予别人的，也往往不是别的，也只是一只载满友爱的鞋。它让我们知道，朋友就在身边，我们是永远被关心着，被疼爱着的。

在我们一生当中可能会结交很多人，但这些人并不能全都成为朋友，只有真正理解了朋友含义的人才不会在交往方面栽跟头。

从前有一个仗义的人，广交天下豪杰武夫。临终前他对儿子讲："别看我自小在江湖闯荡，结交的人如过江之鲫，其实我这一生就交了一个半朋友。"

儿子纳闷不已。他的父亲就贴在他的耳朵边交代一番，然后对他说："你按我说的去见见我的这一个半朋友，朋友的要义你自然就会懂得。"

儿子先去了他父亲认定的"一个朋友"那里，对他说："我是某某的儿子，现在正被朝廷追杀，情急之下投身你处，希望予以搭救!"这人一听，容不得思索，赶快叫来自己的儿子，喝令儿子速速将衣服换下，穿在了眼前这个并不相识的"朝廷要犯"身上，而自己儿子却穿上了"朝廷要犯"的衣服。

儿子明白了：在你生死攸关时刻，那个能为你肝胆相照、甚至不惜割舍自己亲生骨肉搭救你的人，可以称作你的一个朋友。

儿子又去了他父亲说的“半个朋友”那里。抱拳相讫把同样的话叙说了一遍。这“半个朋友”听了，对眼前这个求救的“朝廷要犯”说：“孩子，这等大事我可救不了你，我这里给你足够的盘缠，你远走高飞快快逃命，我保证不会告发钦官……”

儿子明白：在你患难时刻，那个能够明哲保身、不落井下石加害你的人，可称作你的半个朋友。

“天有不测风云，人有旦夕祸福”，“谁没有马高凳短的时候”，人活在世上，总有需要别人帮忙的时候。

打个比方，朋友就像是消防队员，在你遇到紧急情况时才求助他们，自己能办到的还是靠自己。朋友不是你的影子，随时随地跟着你；朋友不是你的老师，发现你有错误就能及时指出，有问必答；朋友不是你的父母，可以无私地包容你的一切；朋友能做的，是在你有困难，而他们能帮得上忙时，伸手拉你一把。

朋友是一笔资源，可以使用却不宜透支。朋友之间交往最现实最常见的就是金钱问题。这里有一则真实的故事。

赵强是一个私营印刷厂的老板，有钱，人也特别好。李文和赵强从小学到大学一直是同学，是好朋友。但过了 13 年后，两人的情况却相差悬殊，赵强是老板而李文则在一个县城中学当教师。当然这并未妨碍赵、李二人继续是朋友。

一个两袖清风的教师和一个腰缠万贯的老板如何相处呢？

李文的妻子是个下岗女工，儿子力力今年 8 岁，正上小学，花费颇大，只靠李文一个月 500 多元的工资维持生活，日子有些艰难。李文不因此而向赵强开口借钱，一是因为这是一笔小钱，在赵强的眼里算不得钱，不值得向赵强开口；二是这不是一次能解决的问题，这月借了，下个月怎么办，以后又怎么办？难道不断地借下去吗？而且，李文的经济情况也不是一时就会转好的，如果借了钱何时才能还呢？可不幸的是，力力出了车祸，手术的费用得 4 万元左右。这时候，李文没有选择，只好向赵强借钱了，一个人能有几个一下拿得出4万块钱而又对他自己的生活不产生影响的朋友呢？

这是从李文的角度来讲的。

从赵强的角度来看，假如李文零零星星地从赵强那里借了些钱，当做生活费用掉了，当然，这笔钱对赵强来说算不了什么，他不会在乎，可朋友关系却从此不再平衡。吃人家的嘴软，拿人家的手短，李文难以用平等的心态对待赵强，难免会产生不服、嫉妒、自卑的心理，想当年你我差不多，甚至你还不如我，凭什么你现在就可以大把大把地捞钱，我却只能靠跟你借钱来维持生活。本来应该有的感激之情也荡然无存，反而心怀恶意。

零星借来的钱被李文一家用掉了。本来没有这笔钱也可以过得去，少吃几次肉几次鱼也就罢了。赵强的钱对他们的生活没有多大影响，但一旦借了些钱，李文近期又难以偿还，这对李文是一个心理上的负担，主要是对李文的自尊心有影响，这种情况长期持续下去，李文在赵强面前慢慢就会失掉自尊，开始自卑，一个没有自尊的人是什么事都会干得出来的，赵强借钱是好心帮助他，却不一定有好的结果。

如果李文因儿子的意外而向赵强借钱，这笔钱对李文的意义非常重大，自然会因此对赵强心存感激。救急不救穷，不只限于金钱方面，而是指帮朋友时，应该是给朋友一根拐杖，让他自己站立起来，而不是一直扶着他。小时候，小孩学走路，父母不是一直用手牵着他们，而是在他们要摔倒时，赶紧上来扶一把，做朋友也应如此。

即使你们是很好的朋友，你也不可事事都向朋友求助，把朋友资源都零零星星琐琐碎碎地透支了。做人做到这个份上应是很失败的，它会损伤或粉碎你们好不容易建立起来的友谊。

人的一生不可能一帆风顺，难免会碰到失利、受挫或面临困境的情况，这时候最需要的就是别人的帮助，这种雪中送炭般的帮助会让他人记忆一生。

“患难之交才是真朋友”，这话大家都不陌生。晋代有一个人叫荀巨伯，有一次去探望朋友，正逢朋友卧病在床。这时恰好敌军攻破城池，烧杀掳掠，百姓纷纷携妻挈子，四散逃难。朋友劝荀巨伯："我病得很重，走不动，活不了几天了，你自己赶快逃命去吧！"

荀巨伯却不肯走，他说："你把我看成什么人了，我远道赶来，就是为了来看你。现在，敌军进城，你又病着，我怎么能扔下你不管呢？"说着便转身给朋友熬药去了。

朋友百般苦求，叫他快走，荀巨伯却端药倒水安慰说："你就安心养病吧，不要管我，天塌下来我替你顶着！"

这时"砰"的一声，门被踢开了，几个凶神恶煞般的士兵冲进来，冲着他喝道："你是什么人？如此大胆，全城人都跑光了，你为什么不跑？"

荀巨伯指着躺在床上的朋友说："我的朋友病得很重，我不能丢下他独自逃命。"并正气凛然地说："请你们别惊吓了我的朋友，有事找我好了。即使要我替朋友而死，我也绝不皱眉头！"

敌军就听着荀巨伯的慷慨言语，看看荀巨伯的无畏态度，很是感动，说："想不到这里的人如此高尚，怎么好意思侵害他们呢？走吧！"说着就撤走了。

对于友谊，一千个人有一千种看法，然而不管你持何种看法，你都要坚守一个原则：朋友有信。

9. 我们伟大的母亲

母亲逝世已经超过半个多世纪了。我怀念她的次数却是越来越多，灵魂的震荡越来越厉害。我实在忍受不了，真想追母亲于地下了。

——季羡林《病榻杂记》

（元旦思母）

在我们平常人眼里，季羡林先生是渊博的学者，是才华横溢的文学家，然而他也是一个普通的人，是一个普通的儿子，他对于母亲的思念，和每一个儿子对于母亲的思念没有什么不同，然而，正是他所说的这种所有人共同的对母亲的情感，方显出母亲的伟大。

1953 年的一天，斯大林在豪华的克里姆林宫里会见了已经垂暮的母亲。

母亲老了，对儿子领导下的苏联几乎是一无所知。于是，便有了下面的对话。

母亲问：约瑟夫，你现在究竟当了什么官?

斯大林答：你还记得沙皇吗？我现在差不多就是沙皇了。

母亲大笑，然后说：其实我想让你当个神父。

在一个纯朴的母亲眼里，一个神父与一个国家的最高领导没有什么两样，同样都有出息。

无独有偶，当年哈里·杜鲁门首次参加竞选并一举成功，成了美国总统。亲友们兴奋地向他的母亲祝贺："太好了！您真应该为有这样的孩子而自豪!"而他的母亲却微笑着平和地说："我还有一个同样值得自豪的孩子，他正在地里收获土豆。"

在一个纯朴的母亲眼里，一个正在地里收土豆的孩子与一个当选为美国总统的孩子没有什么两样，同样都值得自豪。

在许许多多纯朴的母亲眼里，一个长大成人的孩子是不是有出息，是不是值得自豪，并不取决于这个人是不是辉煌，而是源于母亲自己那种对孩子永久的、不竭的爱。而这种爱，就是我们重复了上千次、上万次，并且将永远重复下去的伟大的母爱。正是这种爱，让季羡林先生，同时也让我们每个人深深的震撼，永远无法忘怀。

有一位母亲第一次参加家长会，幼儿园的老师对她说："你的儿子有多动症，在板凳上连三分钟都坐不了，你最好带他去医院看一看。"

回家的路上，儿子问母亲老师都说了些什么，母亲鼻子一酸，差点流下泪来。因为全班30位小朋友，唯有他表现最差；唯有对他，老师表现出不屑。然而，母亲还是告诉儿子："老师表扬你了，说宝宝原来在板凳上坐不了一分钟，现在能坐三分钟了，其他的妈妈都非常羡慕妈妈，因为全班只有宝宝进步了。"

那天晚上，儿子破天荒地吃了两碗米饭，并且没让母亲喂。

儿子上小学了。家长会上，老师说："全班50名同学。这次数学考试，你儿子排第49名，我们怀疑他智力上有些障碍，您最好能带他去医院查一查。"

回家的路上，母亲又流了泪。然而，当她回到家里，却对坐在桌前的儿子说："老师对你充满信心。他说了，你并不是个笨孩子，只要能细心些，会超过你的同桌，这次你的同桌排在第21名。"

说这话时，母亲发现，儿子暗淡的眼神一下子充满了光亮，沮丧的脸也舒展开来。她甚至发现，儿子今天温顺得让她吃惊，好像长大了许多。第二天上学时，去得比平时都要早。

后来，孩子上了初中，又一次家长会。她坐在儿子的座位上，等着老师点她儿子的名字，因为每次家长会，她儿子的名字都在差生的行列中被点到。然而，这次却出乎她的预料，直到家长会结束，她都没听到她儿子的名字。她有些不习惯。临别，她去问老师，老师告诉她："依你儿子现在的成绩，考上重点高中有点危险。"

母亲怀着惊喜的心情走出校门，此时她发现儿子正在外面等她。路上母亲扶着儿子的肩膀，心里有一种说不出的甜蜜，她告诉儿子："班主任对你非常满意，他说了，只要你努力，很有希望考上重点高中。"

儿子高中毕业了。一个第一批大学录取通知书下达的日子，学校打电话让她儿子到学校去一趟。她有种预感，她儿子被清华录取了。因为在报考时，她对儿子说过，她相信他能考取这所学校。

不久，儿子从学校回来，把一封印有清华大学招生办公室的特快专递交到她的手里，突然转身跑到自己房间里大哭起来，边哭边说："妈妈，我一直都知道我不是个聪明的孩子，是您……"

这时，母亲悲喜交加，再也按捺不住十几年来凝聚在心中的泪水，任它滴在手中的信封上。

让我们永远记住这个关于母亲的故事吧，正是那种无私的母爱，成了儿子成长的支柱，帮助儿子跨越了一个又一个生命阶梯。可以说，在这个世界上，如果没有母亲的存在，我们人类也许根本不会有如此迅速的发展和进步。

如果说上面讲述的这个故事，展示出来的是一种日常生活中平凡而伟大的母爱，那么这则故事就是一种特殊情况下的，足以让所有儿女都感激涕零的母爱。

1999 年，土耳其发生了一场罕见的大地震。地震过后，许多房子都倒塌了，各国来的救难人员不断搜寻着可能的生还者。两天后，他们在缝隙中看到一幕不可置信的画面——

一位母亲用手撑地，背上顶着不知有多重的石块，一看到救难人员便拼命哭喊着："快点救我的女儿，我已经撑了两天，我快撑不下去了……"

她 7 岁的小女儿，就躺在她用手撑起的安全空间里。

救难人员大惊，卖力地搬移石块，希望尽快解救这对母女，但是石块那么多、那么重，怎么也无法快速到达她们身边。

媒体到这儿拍下画面：救难人员一边哭、一边挖，辛苦的母亲一面苦撑等待着……

透过电视、透过报纸，土耳其人都心酸得掉下泪来。

更多的人，放下手边的工作投入到救援行动来。

救援行动从白天进行到深夜，终于，一名高大的救难人员够着了小女儿，将她拉出来，但是……她已气绝多时。

母亲急切地问："我的女儿还活着吗？"

以为女儿还活着，是她苦撑两天的唯一理由和希望。

这名救难人员终于受不了，放声大哭："对，她还活着，我们现在要把她送到医院急救，然后也要把你送过去！"

他知道，如果母亲听到女儿已死去，必定失去求生意志，松手让土石压死自己，所以骗了她。母亲疲累地笑了，随后，她也被救出送到医院，她的双手一度僵直无法弯曲。

隔天，土耳其报纸头条是一幅她用手撑地的照片，标题"这就是母爱"。

的确，我们无法用文字来给"母爱"下一个准确的定义，但我们在生活中无时无刻不在拥有着、享受着母爱，母爱给了我们生活的勇气，给了我们拼搏的动力。所以，无论在什么时候，都不要忘了我们的母亲。

第六章

与人为善，和谐共融
——善恶人生辩证法

1. 做一个及格的好人

能为国家、为人民、为他人着想而遏制自己的本性的，就是有道德的人。能够百分之六十为他人着想，百分之四十为自己着想，他就是一个及格的好人。

——季羡林《季羡林谈人生》（三论人生）

在季羡林看来，好人并不是完全没有私心，但至少应该做到为他人着想要多于为自己着想。光爱自己是远远不够的，也不是真正的有爱心。做好人有爱心，最主要的还是要能爱别人，要有博爱之心。那么，怎样去爱人呢？这就要求我们要平等，己所不欲、勿施于人，像爱自己那样去爱别人。

战国时梁国与楚国相邻。两国颇有敌意，在边境上各设界亭。两边的亭卒在各自的地界里都种了西瓜。梁国的亭卒勤劳，锄草浇水，瓜秧长势良好；楚国的亭卒懒惰，不锄不浇，瓜秧又瘦又弱，惨不忍睹。

人比人，气死人。楚亭的人觉得失了面子，在一天晚上，乘月黑风高，偷跑过去把梁亭的瓜秧全都拉断。梁亭的人第二天发现后，非常气愤，报告县令宋就，说要以牙还牙地过去把楚国人的瓜秧扯断！

宋就却说道："楚亭的人这种行为当然不对。别人不对，我们再跟着学就更不对，那样未免太狭隘、太小气了。你们照我的吩咐去做，从今开始，每晚去给他们的瓜秧浇水，让他们的瓜秧也长得好。而且，这样做一定不要让他们知道。”

梁亭的人听后觉得有理，就照办了。

楚亭的人的瓜秧长势一天比一天好起来，他们仔细观察，发现每天早上地都被人浇过，而且是梁亭的人在夜里悄悄为他们浇的。

楚国的县令听到亭卒的报告后，感到十分惭愧又十分敬佩，于是上报楚王。楚王深感梁国人修睦边邻的诚心，特备重礼送梁王以示歉意。结果这一对敌国成了友好邻邦。

在矛盾面前，应该大事化小，小事化了，不要冤冤相报，没完没了。古人尚且知道这样的道理，作为今人的你应该如何面对呢？不要抱怨别人对你不好，因为你用什么样的心态对待别人，别人就用什么样的心态对待你。不能友好示人的人，也很难换来别人的友好。

中国古代哲人有“以德报怨”的做人方式，我们当然不可能要求每一个人都做到这一点，在当今这样一个物欲横流的时代，这种处世方式对年轻人来说是一种苛求了。但是，我们的老祖宗毕竟是高瞻远瞩的。如果凡事都像对待自己一样去对待别人，把敌人当成朋友，那么还有什么不可以平心静气地解决呢！

爱，是一个你中有我，我中有你的同心圆。对于他人的爱，同时也就是对于自己的爱，因为我们营造出了一个爱的氛围，总有一天会因为今天付出的爱而收获更多。

韦利是一个患有先天性心脏病的小男孩，但他开朗活泼，几乎和所有的人都能成为他的朋友。正是因他的乐观和快乐，很少有人知道他是一个随时可能离开人间的高危病人。

韦利有早起晨练的习惯，尽管医生不让他做高强度和激烈的运动，但他还是愿意早起看看清晨看看太阳，看看一天的开始是如何的美丽。

那是一个薄雾和轻烟笼罩的早晨，韦利走到城市中央广场的时候，发现一个人倒在地上，身上洒落了露水，脸色发紫呼吸微弱，显然他正处在生命即将逝去的危险之中。韦利早已知道心脏病发作时的痛楚，他对这个陌生人的痛苦感同身受。四周很静，真正晨练的人一般不会来这里。韦利知道自己一个人无论如何也扶不起地上这个身材高大的人，怎么办？时间来不及了，韦利顾不上医生的警告俯身拉起他的衣服。就这样，12 岁的韦利用尽全身力气一点点地把这个人在地上拖行了 200 米。终于有人发现了他们，韦利只说了一句“快送他去医院”便昏倒在地上。

韦利醒来后，看到的是陌生人一脸的关切和自责。他说自己因贪杯醉倒在街头，如果不是韦利救了他，医生说他肯定会冻死在那里。陌生人愧疚地说：“对不起，医生告诉我说你的心脏病差一点就要了你的命，你是在拿你的命救我。真不知道该如何感谢你！”韦利笑了：“我现在没事了，你也没事了。这就是最好的感谢！”陌生人一定要报答韦利。韦利想了想说：“我真的不需要你对我有什么报答，只是希望你能像我救你一样，尽自己所能在需要的时候，去救助比自己的处境还要差上许多的陌生人，我想这就足够了。”

很多年过去了，韦利活过了比医生的预言长数倍的时间。他还是和以前一样乐观，并且真诚地对待每一个人，在需要的时候尽自己所能帮助别人。但是韦利的病终于在一个冬天的早晨击倒了他。当时韦利正在一个很偏僻的地方散步，忽然感到心口一阵剧烈的疼痛，韦利挣扎了几下终于支持不住，倒在了地上。

韦利醒来时发现自己躺在医院里，身边站着一个十几岁的男孩，正瞪着一双大眼睛关切地看着他。韦利很感激地握住了男孩的手说：“谢谢你，孩子，你救了我。你是怎么发现我的？”男孩很开心的样子：“我早上要去爷爷家陪他，正好路过那个地方，看到你躺在地上，我就想起了爷爷说他年轻的时候被一个和我一样大的男孩救起来的事。我想我也一定能够做到，于是我就使出全身的力气拉你。幸好你还不算重，我成功了。回去后一定告诉爷爷，他告诉我要尽力帮助每一位需要帮助的陌生人，我今天做到了。”

如果人们都能做到视人如己、爱人如己，有能力要帮助有困难的人，对苦难者伸出援手，那么同样会换来别人的友爱和帮助。但我们并不应提倡出于功利目的的“爱人”、“利人”，不能只看重付出之后是否能得到同等的回报，而是应该无私一些，出于赤诚地善待他人。人人若都能付出一份爱，那么我们所生活的这个世界就会变得更加美好。做一个好人不仅是个人的生活艺术，更反映的是一个社会整体形态。

一位穷苦的学生为了凑足学费，到外地挨家挨户地推销商品。由于他一心一意想凑足学费而不想多花钱，于是他决定硬着头皮向人讨些食物。

他敲了一户人家的门，开门的是一个小女孩。他一看便失去了勇气，心想，天下哪有大男生跟小女孩讨东西吃的？于是他只要了一杯开水解渴。

小女孩看得出他非常饥饿，就拿了一杯开水与几块面包给他。他很快把食物接过来，狼吞虎咽地吃着，一旁的她看到他这种吃法，不禁偷偷地笑了。

吃完后，他很感激地说："谢谢你，我应该给你多少钱？"

她傻傻地笑着说："不必啦，这些食物我们家很多。"

他觉得自己很幸运，在陌生的地方还能受到他人如此温馨的照料。

多年以后，小女孩感染了罕见的疾病，许多医生都束手无策。女孩的家人听说有一个医生的医术高明，找他看看或许有治愈的机会，便赶紧带她去接受治疗。在医生的全力医治和长期的护理下，小女孩终于恢复了往日的健康。

出院那天，护士交给她医疗费用账单，她几乎没有勇气打开来看，心中知道可能要一辈子辛苦工作，才还得起这笔医疗费。最后她还是打开了，看到签名栏写了以下这段话："一杯开水与几块面包，足够偿还所有的医疗费。"

她眼里含着泪水，终于明白原来主治医生就是当年那个穷学生。

山不转水转，水不转路转，有时一个举手之劳的帮助可使一个人渡过难关，也往往因为这样，在你渡过难关的时候，也会收获意外的帮助。

在遥远的波斯尼亚，费希玛和两个儿子生活在一个小村落里，丈夫却远在异乡工作。有一年波斯尼亚战争爆发，战争不但让费希玛失去了丈夫，也失去了家园，她不得不带着孩子走上逃难之路。

在弃家而逃之际，费希玛没有忘记一只鱼缸和两条金鱼，那是丈夫从外地回来送给儿子的礼物。现在，它们不仅是已逝的丈夫对孩子的爱，更是两条活生生的生命啊。于是，她捧起金鱼缸从容地走向湖边，将它们轻轻放进蓝蓝的湖水里。

几年后，战火平息，费希玛和孩子们结束逃难返回家乡。家乡处处都是废墟，一切都需从头做起。但他们在当年放生金鱼的湖边却看到湖面泛起片片金光，仔细一看，是一群活泼美丽的金鱼，跟他们当初放生的两条长得一模一样。原来是那两条金鱼繁殖的后代。最值得庆幸的是，她的两个儿子还从当时放生金鱼的那片湖水中摸回了那个圆圆的金鱼缸。一切都仿佛与自己的亲人在乱世后重逢一样，他们是多么的高兴啊！

渐渐地，费希玛和她的金鱼的故事流传开来，人们纷纷前来观看，并顺便买两条回家送人。于是出售金鱼成为费希玛一家的致富之路，费希玛和她的孩子们终于摆脱了战乱和贫穷，过上了安宁殷实的生活。

两条小小的金鱼，居然能够改变一个家庭的命运，真是不可思议！其实，真正改变了费希玛一家命运的应该是她当初的爱心才对。

在我们的生活中，我们会经常遇到一些需要我们付出爱心的事，比如扶老人过马路，给受伤的小动物治疗，向需要帮助的人伸出援助之手等等。只要我们坚持不断地播种爱心，我们就会成为一个名符其实的好人。

2. 关于恶人

自己生存，也让别的人或动物生存，这就是善。只考虑自己生存不考虑别人生存，这就是恶。

——季羡林《季羡林谈人生》

（关于人的素质的几点思考）

俗话说：人过留名，雁过留声。谁也不想默默无闻地活一辈子，但是，在求取功名利禄的过程中，有的人往往会被名利遮住眼，贪念由此而起，从而做出使自己悔恨终身的事。这种人，在季老看来就是恶人。

有的人已小有名气，还想名声大振，于是邪念膨胀，连原有的名气也遭人怀疑，更是可悲。

在中世纪的意大利，有一个叫塔尔达利亚的数学家，在国内的数学擂台赛上享有“不可战胜者”的盛誉，他经过自己的苦心钻研，找到了三次方程式的新解法。这时，有个叫卡尔丹诺的人找到了他，声称自己有千万项发明，只有三次方程式对他是不解之谜，并为此而痛苦不堪。善良的塔尔达利亚被哄骗了，把自己的新发现毫无保留地告诉了他。谁知，几天后，卡尔丹诺以自己的名义发表了一篇论文，阐述了三次方程式的新解法，将塔尔达利亚的成果攫为己有。他的做法在相当一个时期里欺瞒住了人们，但真相终究还是大白于天下了。现在，卡尔丹诺的名字在数学史上已经成了科学骗子的代名词。真是“偷鸡不成反蚀把米”。

自古以来，胸怀大志者多把求名、求官、求利当作终生奋斗的三大目标。三者能得其一，对一般人来说已经终生无憾；若能尽遂人愿，更是幸运之至。然而，从辩证法的角度看，有取必有舍，有进必有退，任何获取都需要付出代价。问题在于付出的值得不值得。为了公众事业，民族和国家的利益，为了家庭和睦，人格完善，付出多少都值得。否则，付出越多越可悲。

客观地说，追求名利并非坏事。一个人有名誉感就有了进取的动力；有名誉感的人同时也有羞耻感，不想玷污自己的名声。但是，古今中外，为求虚名不择手段，最终身败名裂的例子很多，确实发人深省。

唐朝诗人宋之问，有一外甥叫刘希夷，很有才华，是一年轻有为的诗人。一日，希夷写了一首诗，曰《代白头吟》，到宋之问家中请舅舅指点。当希夷诵到“古人无复洛阳东，今人还对落花风。年年岁岁花相似，岁岁年年人不同”时，宋情不自禁连连称好，忙问此诗可曾给他人看过，希夷告诉他刚刚写完，还不曾与人看。宋之问遂道：“你这诗中‘年年岁岁花相似，岁岁年年人不同’二句，着实令人喜爱，若他人不曾看过，让与我吧。”希夷言道：“此二句乃我诗中之眼，若去之，全诗无味，万万不可。”

晚上，宋之问睡不着觉，翻来覆去只是念这两句诗。心中暗想，此诗一面世，便是千古绝唱，名扬天下，一定要想法据为己有。于是起了歹意，命手下人将希夷活活害死。后来，宋之问获罪，先被流放到钦州，又被皇上勒令自杀，天下文人闻之无不称快！刘禹锡说：“宋之问该死，这是天之报应。”

这些人等也并非无能之辈，在他们各自的领域里都是很有建树的人。就宋之问来说，即使不夺刘希夷之诗，也已然名扬天下。糟糕的是，人心不足，欲无止境！俗话说“财迷心窍”，岂不知名也能迷住心窍。一旦被迷，就会使原来还有一些才华的“聪明人”变得糊里糊涂，使原来还很清高的文化人变得既不“清”也不“高”，做起连老百姓都不齿的肮脏事情，以致弄巧成拙，美名变成恶名。

荀子曰：“计者取所多，谋者从所可。”善于算计的人愿意以少得多，善于谋划的人却按照自己认为正确的方法去办。一直以来，人们都有一个认识误区，常常把“谋利”与“算计”等同起来。但荀子却清楚地指出了两者间的差异。同时，从中我们不难看出，算计者表面上是获得了好处，但却不一定正确，说不定哪天就把自己算了进去。

社会上就有那样一帮人，心术不正搞歪门邪道，以堵塞别人的道路，破坏别人的成功为乐，让许多人深受其害。这样的人古已有之。

会算计的人，虽无专长，但也能算计来一官半职。只是当官不会为民解忧，把别人干的功劳归自己却是相当拿手；自己不会写小说写诗歌写散文，但会写大批判文章，把别人的成果一笔抹杀；自己不会盖楼房，但会找两个钉子户，让你连地基也甭想打……这类人，不显山露水，好处捞够了就行。这类人犯错也不会大。这类人表面上沾得好处，得名得利，但到头来也什么都没留下。这类人你见过，我见过，他也见过，像蚊子苍蝇虽说闹不了大事，但也绝不了种。

当然，存在的就是合理的，这种人也不是没有“好处”的。

有了会算计的人，才会有被算计的成功。远的说李白、杜甫，李白被诽谤仕途不达，杜甫被中伤，功名不就，乃有李杜诗名千古传；近的说鲁迅，若不是那么多人算计围剿，哪有这举世无双的鲁氏杂文?

有了会算计的人，我们的生存能力也会在无形中增强很多。学会与这类人打交道，一不上火，二不生气，也会知道什么东西都不值得让你变得与这类人一样下作。该丢的丢了就是，该舍的舍它而去，这样并不会使你活得更差。因此，你不妨把此类人当做参照物，让你时时有个标准：这样做会让我也变成“这类”了吗?

有了会算计的人，社会也有了一个“环保信息”。当蚊子苍蝇成群结队地在你周围嗡嗡乱叫的时候，那就说明这里有了腐败之气了，可以下大工夫清除这些垃圾了。

所以说，做人不要算计人，你的心机都用于正道，一样可以有所作为，功成名就。去做一个小人，做一个恶人，不但事业不成，还会留下骂名，实乃做人的大失败。

3. 损人不利己的坏人

记得鲁迅曾说过，干损人利己的事还可以理解，损人又不利己的事千万干不得。我现在利用鲁迅的话来给坏人作一个界定：干损人利己的事是坏人，而干损人又不利己的事，则是坏人之尤者。

——季羡林《季羡林谈人生》（坏人）

季羡林先生不仅把好人和坏人区分开来，而对于坏人，他也将其分成两类：一类是干损人利己的事的坏人，一类是干损人不利己的事之坏人。有人说，损人不利己的事谁还会干呢，那不是傻子吗？事实上，在现实生活中这种人不仅存在，而且还不少呢。

小谭决定与男朋友小贾分手了，一夜未眠，以泪洗面。热恋两年的男友，为何突然说分离就分离了呢？原来昨天发生的一件小事，让小谭看出了男朋友小贾久藏不露的恶的一面。

事情经过是这样的：当俩人沿着地铁通道向外走时，在拐角处一双粗糙的颤抖的手伸到了眼前，一位盲人老大娘在向他们行乞。小谭的心不由一颤，本能地去摸钱夹。这时，小贾抢先一步，掏出几张花花绿绿的纸张塞到了老大娘手中。

靠触摸面对世界的老大娘立刻就分辨出来了，她的眼眶里涌出了大滴大滴的泪珠，嘴里喃喃地说："孩子，你不愿给我就算了，为啥要这样捉弄我这个可怜的老太婆？"看着这一幕，小谭的心碎了。她掏出了一张百元大钞上前换下了那几张废纸，然后用颤抖的声音向老大娘道歉："对不起，请原谅，是他掏错了。"然后，狠狠地瞪了小贾一眼，头也不回地走了。也正是这一次，决定了俩人爱情的命运。

小谭不愿与一个没有善心的人做朋友，更不会和他在一起生活一辈子，她的选择显然是明智的。而对于小贾来说，也是干了一件损人不利己的蠢事，使他失去了女友的芳心。

人之初，性本善。而现实社会中却有许许多多邪恶的心灵，难道随着年龄的增长，人之初的"善"会减退吗？如果真是这样的话，那么人类的末日也就不远了。

那些损人不利己的人，他们在心理上，自我意识非常强烈，因此不愿意受他人左右，完全以自我为中心。纵然知道自己所持的看法有悖常理，也不改变。对他人冷漠而毫不体谅，不接受他人的忠告或指导，也拒绝受他人支配。而且因为对他人不关心，所以也不会想支配他人。

在你的周围，一定有这种人，他们不是值得信赖的人。这种人将自己受人恩惠之事视作理所当然，而对于感恩报答却意外地冷淡。而且，情绪一改变，便任性地破坏与他人的约定，可说毫无信用可言。

4. 对付坏人的四大法宝

根据我的观察，坏人，同一切有毒的动植物一样，是并不知道自己是坏人的，是毒物的。

——季羡林《季羡林谈人生》

（坏人）

季老认为这世界上存在坏人，坏人是毒物，而我们又免不了要与坏人打交道。所以，针对各种不同的坏人，我们也应该有不同的对付办法，总结起来有四点：

（1）不可有妇人之仁

妇人的特色之一是心特别柔软，她们容易感动，意志容易受到情绪的影响而动摇。这种特色在有孩子的妇女身上尤其明显，因为她们全身的血液里流着母性的爱。这种爱有时显得很没原则，很不理性，甚至是非不分。古人便将有这种特性的爱称之为“妇人之仁”。

一个人的恶行因为你的“妇人之仁”获得了宽容，但有时你的“妇人之仁”不但没有感动他，反而让他有另外的机会犯下恶行，对别人造成伤害。因此，“妇人之仁”不是好事。可是，天生心软的人怎么办？难道注定在人性丛林里做个被剥削、被凌辱者？这种人应该要训练自己的思考与判断，用理性与智慧来指引自己的行为，而不要为感情所左右。这需要时间，也需要面对“挥泪斩情丝”的痛苦，但总是要经过这种磨炼才能成长、果断。

“妇人之仁”的风险和代价很高，如果不能去除这种感情特质，那么你只好庆幸自己还没有遇到坏人了。

（2）放手硬对硬

“软的怕硬的，硬的怕愣的，愣的怕不要命的”，这是人们在世代相袭的人际斗争中演绎出的至理名言。它告诉人们，这“硬”的、“愣”的、“不要命”的，都不是省油的灯。我们俗称的“愣头青儿”、“刺儿头”、“泼皮无赖”等皆属此类。他们依仗自己拳大胳膊粗，说起话来腔调也比别人高八度，动不动横挑鼻子竖挑眼，捏拳斜眼从鼻子里呼出一声：“怎么，不服？你小子敢跟老子试试?”自然，明智的人此时会念念不忘老祖宗的遗训：好汉不吃眼前亏；我斗你不过，惹不起可躲得起。殊不知：“横人都是软人惯出来的”。

是的，面对这种肆意寻衅的无赖之徒，你纵然有一万个理，他那拳脚也容不得你讲半句！

这种类型的人在他的一方宝地上，天王老子第一他第二，左邻右舍如躲洪水猛兽，巴不得他暴死。

其实，这种人并非天生就是这样的狂徒恶霸，他们的性格和今天的威风，纯粹是被人们的胆小怕事性格抬起来、捧起来的。试想，他在第一次逞强霸道时就遇到不怕死的硬碰硬与他相斗，他看人们并不那么好欺负，还能继续这样下去吗?

大多数人之所以不敢表现得硬气十足，并不是他们是非不分，更不代表着他们支持邪恶。只是他们在做事情之前，总要掂量一下，怕付出代价。因此，在很多情况下，明知对方缺乏正气，也不敢站出来抗争。正因为这样，这些恶人的气焰才一天天嚣张起来，最终成为地方上一霸。所以，我们在任何时候，都不能姑息那些刚冒尖的恶人、坏人，要敢于用正义与他们斗，让他们的恶与坏窒息于萌芽之中。

（3）死缠烂打，以毒攻毒

有些坏人对你的要害部位实行“重点攻击”，会令你开始就处于被动位置。对付这类人的办法有多种，你可以根据情况的不同加以选择：

①后发制人。这是使自己能站稳脚跟的最有效办法。特别是中国人更善此道。在中国古代哲学中，关于“以静制动”、“反守为攻”的论述很多。也许每个人都有这个经验：先把拳头缩回来，到一定程度，看准了对方，再猛烈地打过去，打得准，打得狠。

②针锋相对。针锋相对即是以对方同样的火力，向对方进攻。对方提什么问题，你就给予十分肯定或否定的回答，丝毫不退让，一点也不拖沓，不拖泥带水，使对方无理可寻。

③装作退却，设计陷阱。假如对方的问话是你所必须回答的、不能推辞的，而你又要对方跟着你的思路走时，你可以装作退却。对方乘机涌过来，你把他带得远了，让他完全进入了圈套，然后再回过头来对他进行反击。

④抓住一点，丝毫不让。对方话锋之强烈、火药味儿之浓，使你无法反击，他提出的重大问题，你无法一一回答，这种情况下怎么办？迅速找到他的谈话内容中的一个小漏洞，即使再微不足道也无所谓，可以把这一点无限扩大，使其不能再充分展开其他的问题。

（4）避开亡命之徒

亡命徒的典型语言就是“死都不怕，还怕活着”、“今天不是你死，就是我亡，有我没你，有你没我”、“只要给我留一口气，总有一天毁了你”。这样的人为不大一点事，就敢下毒手拼个你死我活。惹上亡命徒就会给我们带来数不清的麻烦和损失。

不跟亡命徒较劲，主要原因是为了不搅乱我们的正事，而不是因为懦弱害怕。与亡命徒计较是最没有价值可言的，这种人视生命如儿戏，置公理于不顾，与这种人发生冲突一点好处也不会有。聪明人不会作无谓的牺牲，不会卷入没有价值的冲突。我们多数人都是有正经事要去办的，为了避免一些不必要的麻烦，就不能与这类人较劲，否则会耽误了大事。

社会自有正义在，秩序自有法律来维持，亡命徒迟早会受到惩罚的。但我们在日常交往中，还是尽量去识别亡命徒、避开亡命徒为妙。

5. 学会压制本能

我之所谓善是压制本能，多替别人着想。这是人能做到而动物不可能有的，因而，处理人的内心感情就是压制生物的本能，压制得越多越好。

——季羡林

（国学系列讲座讲演稿·东方文化）

季羡林先生之所以倡导要压制本能，是因为人的欲望的确太多了，有生理的欲望，心理的欲望，爱的欲望，成功的欲望，被尊重的欲望等等。而人的生命是有限的，这些欲望是不可能全都一一得到满足的，这种欲望满足了，便不得不舍弃另一种，更何况有些欲望的满足，是建立在对他人伤害的基础上的。

在生活中，我们并不是因为拥有的太少而变得贫穷，而是因为欲望太多，总是觉得自己拥有的不够，从而造成心理的贫穷。欲望有时也是洪水猛兽，如果利欲熏心，欲壑难填，欲罢不能，它会在你糊涂之时不知不觉地淹没你，在你清醒之时明目张胆地吞食你。

从前，有两位很虔诚、同时也很要好的教徒，他们决定一起到遥远的圣山朝圣。不久，两人便背上行囊、风尘仆仆地上路了，在上路之前他们发誓不达圣山朝拜，绝不返家。

两位教徒走啊走，两个多星期过去了，他们突然遇见了一位白发年长的圣者。这圣者看到这两位如此虔诚的教徒千里迢迢前往圣山朝圣，就十分感动地告诉他们："从这里距离圣山还有10天的路程，但是很遗憾，我在这十字路口就要和你们分手了，不过在分手前，我要送给你们一个礼物！什么礼物呢？就是你们当中一个人先许愿，他的愿望一定会马上实现；而第二个人，就可以得到那愿望的两倍！"

此时，其中一个教徒心里一想："这太棒了，我已经知道我想要许什么愿，但我不要先讲，因为如果我先许愿，我就吃亏了，他就可以有双倍的礼物！不行！"

另一个教徒也自忖："我怎么可以先讲，让我的朋友获得双倍的礼物呢？"于是，两位教徒就开始客气起来："你先讲嘛！""你比较年长，你先许愿吧！""不，应该你先许愿！"两位教徒彼此推来推去，"客套地"推辞一番后，两人就开始不耐烦起来，气氛也变了："你干吗！你先讲啊！""为什么我先讲？我才不要呢！"

两人推到最后，其中一人生气了，大声说道："喂，你真是不知好歹，你再不许愿的话，我就把你的狗腿打断、把你掐死！"

另外一人一听，没有想到他的朋友居然说变脸就变脸，竟然来恐吓自己！心想，既然你这么无情无意，我也不必对你太有情有义！我没办法得到的东西，你也休想得到！于是，这一教徒干脆把心一横，狠心说道："好，我先许愿！我希望——我的一只眼睛——瞎掉！"

很快地，这位教徒的一只眼睛马上瞎掉，而与他同行的好朋友，两个眼睛也立刻都瞎掉了！

原本这是一件十分美好的礼物，可以使两位好朋友互相共享，但是人的"贪念"与"嫉妒"左右了心中的情绪，所以使得"祝福"变成"诅咒"，使"好友"变成"仇敌"，更是让原来可以"双赢"的事，变成两人瞎眼的"双输"！

在巴拉圭有一对即将结婚的未婚夫妻很高兴地大喊大叫、相互拥抱，因为他们中了一张"高额彩券"，奖金是七万五千美金。

可是，这对马上要结婚的新人在中奖后隔天，就为了"谁该拥有这笔意外之财"而闹翻了。两人大吵一架，并不惜撕破脸，闹上法庭。为什么呢？因为这张彩券当时是握在未婚妻的手中，但是未婚夫则气愤地告诉法官：“那张彩券是我买的，后来她把彩券放入她的皮包内，但我也没说什么，因为她是我的未婚妻嘛！可是，她竟然这么无耻不要脸，居然敢说彩券是她的，是她买的！”

这对未婚夫妻在公堂上大声吵闹，各说各话，丝毫不妥协不让步，所以也让法官伤透脑筋。最后，法官下令，在尚未确定“谁是谁非”之时，发行彩券单位暂时不准发出这笔奖金！而两位原本马上要结婚的佳偶，因争夺奖券的归属而变成怨偶，双方也决定取消婚约。

私心、贪婪、嫉妒，常使人重重地跌在自己这些“恶念”的祸害里。所以，我们要时刻注意压制自己的欲望，不要让它统治自己，造成不必要的后果。

杨朱说，高大住宅，华丽衣服，甘美食品，漂亮女子，有这四机，又何必追求别的呢？有了这些又追求别的，就是贪得无厌，贪得无厌，必损人灭己。

杨朱的话不一定高妙，但他至少说明了二点：一是人应该有欲望，二是人的欲望应该有一个限度。

人的全身都是欲望，眼睛有眼睛的欲望，耳朵有耳朵的欲望。欲望像打击乐一样隐伏周身，旋转着，撞击着，奔突着，寻找满足。

只要血液在流动，欲望就会伸出固执的手。可不要轻慢了它，它比朋友还忠实，像影子一样追随着你。它的死心塌地迫使你不得不慎重考虑和它维持一种什么样的关系。如果你能处理好这关系，你将心旷神怡，如果你不能处理好这关系，你会焦头烂额。

学者王国维的《红楼梦评论》，其中有一段话大意是：一欲既终，他欲随之，终竟慰藉不可得。这就是涌动不息的欲望之潮。个体自有生命开始，就意味着需求的产生。随着人体的发育，以及与社会接触面的扩大，需求也随之不断升华，如果需求得不到满足，人体的自身生长发育便会受到阻碍。这种生理上的、物质上的需要是正常的，但是如果对这些需要要求得过分，便又会陷入欲望膨胀的泥潭。

人都有欲望。人的欲望与生俱来，挥之难去，但同时人又是具有理性的高级动物，应该而且能够把握好欲望的“度”。人活在世上，有些东西应该得到，也能够得到；有些东西不该享有，也不能攫取。老子曾说过：“祸莫大于不知足，咎莫大于欲得。”这句话对于今天有着尤其特殊的意义。纵观今日一些落马之人，探其原由，“祸咎”概莫能出其“知节制”和“欲得”之外。贪婪的欲望使得一个又一个春风得意的“能人”，从马上倏然坠地，沦为“阶下囚”，甚至走上“断头台”。

人的欲念是随时存在的，有时需要你付出代价去控制它，这个代价就是放弃。外在的放弃让你接受教训，心里的放弃让你得到解脱。生活中的垃圾既然可以不皱一下眉头就轻易丢掉，情感上的垃圾也无须抱残守缺。

与其说是抉择得当，不如说是放弃得好。人生苦短，要想获得越多，就得放弃越多。那些什么都不放弃的人，是不可能有多少获得的。其结果必然是对自身生命的最大的放弃，让自己的一生永远处在碌碌无为之中。

放弃需要明智，该得时你便得之，该失时你要大胆地让它失去。当你以为得到了某些时，可能失去了很多；当你以为失去了不少，却有可能获得许多。不以得喜，不以失悲。尽自己最大的努力做去，管它花开花落，云卷云舒。

荀子曰：“欲过之而动不及，心止之也。”不懂得节制，就不懂得生活。生活的艺术就是节制的艺术。节制就是给欲望一个限度，不多不少，刚刚合适。所以说节制是欲望的看护者。

人，在不知足中绝对地追求，在自得其乐中相对地满足。节制，使得人在自我释放和自我克制之间，砌筑了一个生命安顿的心理平台。在“见好就收”的意义上，提前规避了未知的风险。知足常乐，在相对满足和绝对追求之间，重建了一种平衡。一方面，知足常乐少了些欲而不得的焦躁、少了些由色而空的虚无。比起“无欲”的禁锢，“知足”多了一层人情味；比起“一无所有”的自得与佯狂，“知足常乐”返回了世俗理性。

节制将有力地增进你和它的关系，节制不是纵欲，当然也不是禁欲。倘若你冷淡了欲望，节制会提醒你；假使你娇惯了欲望，节制会警告你。懂得节制的人，不仅是一个懂得感情的人，也是一个懂得理智的人，一个睿智通达的人。

6. 野蛮的“正义”与“非正义”

我认为，野蛮是有区别的。我杜撰了两个词儿：正义的野蛮与非正义的野蛮。仗义执言，反对强凌弱、众暴寡的“西霸天”一类的国家，不得已而采用野蛮的手段，虽为我们反对，但不能不以“正义”二字归之。至于手托原子弹吓唬世人的野蛮，我只能称之为“非正义”的野蛮了。

——季羡林《病榻杂记》

（恐怖主义与野蛮）

野蛮原本是对原始、落后的人的蔑称，时至今日，它的范围已经扩大到社会中各个领域。季老针对国家、民族，将其细分为正义与非正义两种。在他看来，以强凌弱就是非正义的野蛮。而这种现象不仅现实生活中存在，在历史当中也屡见不鲜。

公元316年西晋灭亡后，中国北方就陷入了分裂割据的大混乱局面。在一百多年中，先后出现了许多由少数民族贵族建立的政权，其中比较大的有：前赵（汉、北汉，刘渊所建。至刘曜，改国号为赵，史称前赵，与北汉实为一国。匈奴）、后赵（羯）、前燕（鲜卑）和前秦（氐）。

公元357年，前秦的苻坚自言为帝。他在王猛的帮助下，大量接受汉族文化，抑制豪强，兴修水利，注意农桑，改进农业耕作技术，使前秦成为当时北方最强大的国家。此后，前秦灭燕，占领黄河下游。公元373年，攻占东晋的益州。公元376年，又攻灭甘肃西部的前凉和鲜卑拓跋氏在山西北部建立的代国。统一整个北方后，苻坚便积极准备南下灭晋。

这时，西晋皇族司马睿已经在南迁的北方汉族世族和南方原有世族的拥护下在建康称帝，建立了东晋。东晋王朝依靠长江天险和南方经济相对稳定发展的局面，得以偏安一隅。

公元383年，苻坚大会群臣说："我做皇帝将近30年，四方大体上已经平定，只剩下东南一角的东晋不肯听从命令。粗略计算，我有精兵97万。我准备亲自率领大军灭晋，你们看行不行?"当时，发言的文武官员除朱肜一人说几句恭维苻坚的话外，其他人都表示反对苻坚伐晋。议论很久，还是决定不下来。苻坚很生气，说："算了吧！跟你们商量无事可成，还是由我自己决断吧！"群臣退出后，他留下弟弟苻融商议。苻融也不同意进攻东晋，他还提出伐晋有"三难"，强调由于前秦连年战争，兵士疲惫，人民不愿意和东晋作战。又指出，最大的忧患还在于被前秦征服的鲜卑、羌、羯等族的贵族遍布在京城内外，他们都与前秦有仇恨，大军一旦东下，关中将会发生很大的危险。苻坚听后，很不高兴地说："我强兵百万，物资武器堆积如山，仗着我屡胜的声威，攻打一个即将灭亡的晋，还怕不能胜利吗！怎么你也发表反对伐晋的言论？真使我感到失望。"

这时，鲜卑族将军慕容垂和羌族贵族姚苌也分别来见苻坚。而他们暗地希望苻坚在战争中失败，好趁机恢复前燕等国的统治，因此，都怂恿苻坚伐晋，还请其"圣心独断"。苻坚听后很高兴，认为只有他们才能够和自己共定天下。

公元383年5月，苻坚下令南征。命令全国平民每十丁抽出一兵，总共调集军队一百多万人。这里面有鲜卑人、羯人、匈奴人、氐人、羌人，其中大部分是汉人。苻融和慕容垂等统率步骑25万为前锋。令姚苌率蜀兵顺流东下。苻坚自己带领步兵60万，骑兵27万。大军“水陆齐进”，“前后千里，旗鼓相望”，在辽阔漫长的战线上，开始了对东晋的大举进攻。

这就是历史上有名的秦晋淝水之战。战争的结果，取得胜利的不是貌似强大的前秦，而是力量弱小的东晋。东晋军的获胜并非偶然，主要是它得到人民的支持，上下齐心，加上指挥上的正确，抓住了秦军的弱点和有利战机，施以“浑水摸鱼”之计，因此转危为安，保住了自己的半壁河山。而对于前秦来说，它自以为是，以强凌弱，失道寡助，以不义之师大动干戈，失败也是必然的。

从国家回到个人。你怎样对待同事的失败？看到同事事业无成、或工作失误、或爱情不遂、婚姻失败，你的潜意识里，你的表现，你的言论和行动是幸而乐之，眉飞色舞地与人去议论和品评；还是表面同情关怀，暗地里却高兴他不如你？还是同情恻隐，伸出真诚的援助之手？

如果你目光短浅、心胸狭窄，采取前两种幸灾乐祸的态度，即“非正义”的态度，那么，你的成功将是昙花一现，你比人强将是短暂的，你将引起别人的嫉妒和反感。于是，对你的故意为难、给你设置的各种障碍将接踵而至。

如果你心理健康、德行高雅，而且眼光远大，你必然会采取后一种态度，同情的态度，真诚助人的态度。你将用自己发出的光去照亮别人，让别人一同分享你成功的喜悦，让别人也与你一道去走前面的路。你知道，一个人遭遇失败不幸，或身处逆境时，最需要的东西是友谊、是理解，最需要有人助他排忧解难，渡过难关。这时你作为一个暂时比他强的人，你作为一个成功者，丝毫不居功自傲，丝毫不轻视他，不冷落他，而且真诚地同情和怜悯他，真诚地理解和帮助他，他会发自内心地感激你，以至终生难忘。

成功者与失败者，一个风光占尽，一个颜面尽失，双方在面子上不可能处在平等的位置上，为了不在人家脸上雪上加霜，有必要注意以下几点：

（1）不要凸显你的得意，以免刺激他人，升高他的失意感，或是激起本来不嫉妒你的人的嫉妒，你若为你的得意而洋洋得意，那么你的欢欣必然换来苦果。

（2）把姿态放低，对人更有礼，更客气，千万不可有倨傲侮慢的态度，这样就可避免别人对你的嫉妒，因为你的低姿态使某些人在自尊方面获得了满足。

（3）在适当的时候适当地显露你无伤大雅的短处，例如不善于唱歌、外文很差等等，好让失意的人的心中有“毕竟他也不是十全十美”的自我满足。

（4）和心有不满的人沟通，诚恳地请求他的配合，当然，也要揭示、赞扬对方有而你没有的长处，这样或多或少可减轻他的失意。

其实，高明的人待人处世不“恃强凌弱”还是第一步，你还要特别注意藏锋露拙，匿锐示弱。

这里所说的藏锋露拙，匿锐示弱，并非是要人埋没自己的智商，而是为了保护自己，不招致祸端，从而更好地发挥自己的才能和专长。追求卓越和超凡出众，本身是一种积极的人生态度。但一味孤芳自赏，无视周围环境，就会与人格格不入，招人厌恶，千方百计让你过不去。

战国末期韩非与吴起、商鞅的政治思想一致，他著书立说，鼓吹社会变革。他的著作流传到秦国，被秦王嬴政看到，极为赞赏，设法邀请他到秦国。但才高招忌，入秦后，还未受到重用，就被李斯等人诬陷，屈死狱中。

宏图未展身先死，这样纵使有满腹经纶又有何用。如果韩非不是招摇才华，而是谦卑抱朴，等待时机，或另待明主，或婉转上奏，使自己的政治抱负得以施展，相信他并非仅仅就是一个思想家，同时也会成为一代名臣巨相，而不会是一个悲剧人物。

有成语曰“锋芒毕露”。锋芒本是刀剑的尖端，比喻显露出来的才干。一个人若无锋芒，那就是提不起来，所以有锋芒是好事，是事业成功的基础，在适当的场合显露一下既有必要，也是应当。

然而，锋芒可以刺伤别人，也会刺伤自己，运用起来应小心翼翼，平时应插在剑鞘中。所谓物极必反，过分外露自己的才华只会导致自己的失败。尤其是做大事业的人，锋芒毕露既不能达到事业成功的目的，又有可能会失去身家性命。

杜祁公有一个学生做县官，祁公告诫他说："你的才华和学问，当一个县官是不够你施展作为的。但你一定要积存隐蔽，不能露出锋芒，要以中庸之道治理县政，求得和谐安定，不这样的话，对做事没有好处，只会招惹祸端。我为官多年，做了许多职位，感触很深。这就是我要告诉你不方不圆，在中庸之道中求得和谐的这些话的原因啊！"

所以，真正聪明的人会隐而不露，该装糊涂时一定要装糊涂，待机而行动。

7. 关于君子和小人

自从盘古开天地，三皇五帝到于今，没有哪一个正人君子，给自己的小人敌人脸上抹黑，造作流言飞语，把他们“搞臭”，以取得自己的胜利。这些卑鄙的勾当是小人的专利，是小人的特长。小人如此为之，此正人君子之所以不为也。

——季羡林《病榻杂记》

（天题）

在这里，季羡林先生告诉我们，这个世界上不光有君子，同时还有小人，我们自身要做一个君子，但对于小人却不得不防。所谓小人，是指那些人品差、气量小、不择手段、损人利己的人。在待人处事中，谁都不愿意与这种人打交道，但不管你是否愿意，都不可避免地会碰到这种人，所以在生活中，千万要小心，不要轻易得罪这种人，因为一旦得罪这种人，可能会招来许多不必要的麻烦。

那些小人的眼睛总是牢牢地盯着别人的利益，随时准备多捞一份，为此甚至不惜付出一切代价，动用各种手段来算计别人，有时候甚至连你自己都不知道怎么回事就被他算计了，真是令人防不胜防，所以与此类人交往，一定要慎之又慎。

李林甫是唐朝有名的奸相，他心胸极端狭隘，容不得其他人受到唐玄宗的宠爱。有一天，唐玄宗在花园里散步，远远看见一个相貌堂堂、身材魁梧的武将走过去，便感叹了一句：“这位将军真漂亮！”并随口问身边的李林甫那位将军是谁。李林甫支吾着说不知道，此时他心里很慌张，生怕唐玄宗喜欢上那位将军。

事后，李林甫暗中把那位受到唐玄宗赞扬的将军调到一个非常偏远的地方，使他再也没有机会接触到唐玄宗，当然也就永远丧失了升迁的机会。

小人是琢磨别人的专家，会为芝麻绿豆大的恩怨付出一切代价，因此，在待人处世中与小人打交道，还真得有一套行之有效的方法才行。以什么样的方法才能对付小人呢？如果既不想把自己降低到与小人同等的地步，也不想与小人两败俱伤的话，最好睁只眼闭只眼，对其敬而远之，尽量不与其发生正面冲突。

郭子仪是一代名将，为大唐中兴立下了赫赫战功，他不仅在战场上得心应手，而且在待人处事方面也是高手。郭子仪与小人打交道的秘诀就是：“宁得罪君子，不得罪小人”。

“安史之乱”平定后，立下大功并且身居高位的郭子仪并不居功自傲，为防小人嫉妒，他反而比原来更加小心。有一次，郭子仪生病卧床，有个叫卢杞的官员前来拜访。郭子仪听到门人的通报，马上下令左右姬妾都退到后堂去，不要露面，由他一人独自去招呼。卢杞走后，姬妾们又回到病榻前问郭子仪：“许多官员都来探望您，您从来不让我们躲避，为什么此人前来就让我们都躲起来呢？”

郭子仪微笑着说：“你们有所不知，这个人相貌极为丑陋而内心又十分阴险。你们看到他万一忍不住失声发笑，那么他一定会忌恨在心，如果此人将来掌权，我们的家族就要遭殃了。”

后来，这个卢杞果然当了宰相，他极尽报复之能事，把所有以前得罪过他的人统统陷害掉，唯独对郭子仪比较尊重。这不能不说郭子仪是得益于在与小人打交道时的小心而周密。

君子不畏流言不畏攻讦，因为他问心无愧。小人为了自保，为了掩饰，就会施展手段。也许有些人不惧怕小人的反击，但要知道，小人之所以为小人，是因为他们始终在暗处，会使用阴险的手段打击报复，而且不会轻易罢手。所以，在为人处事中，不要轻易得罪小人，以防吃亏。

中国有句古话叫“路遥知马力，日久见人心”。小人虽然善用心计，但日子久了便自然会有露马脚的时候，因此小人的下场大多也并不好看。

作为乾隆帝的第一宠臣，和珅一生都在不停地利用各种手腕追求金钱、权力和美色，但到头来却是“机关算尽太聪明，反丢了卿卿性命”。

和珅虽然善于巴结逢迎，并凭借这一特长讨取了乾隆帝的欢心和宠信，得以官运亨通、青云直上。但是，他肚子里除了几根花花肠子之外，没有多少真“货”，这毕竟是他的弱点，所以他最怕和别人比才学，最恨别人比他强，也容不得高过他的人。

嘉庆帝的师傅朱硅，是一位学识渊博、正直能干的大臣。嘉庆当时还是一位很不起眼的皇子，他对自己的老师极为敬重，师生二人时常往来和诗，感情颇为融洽。有一次，嘉庆帝给朱硅写了一首祝诗，诗中称颂了老师的人品才学，表达了对老师的尊重之情。和珅一向嫉妒朱硅，对朱硅的一举一动都比较留心，存心找他的毛病，以便有机会进行陷害，因此便把这首诗暗记于心。

后来，朱硅离开京城，出任两广总督。他到任后，兢兢业业，秉公办事，执政清廉，卓有成效，赢得了很好的声誉。乾隆帝考察了朱硅的政绩，打算把他召回京中，授予大学士之职。和珅听说乾隆帝有这个意思，心里又气又妒。他早已觊觎大学士的职位，岂能甘心落入别人手中，再说，他又很忌妒朱硅的才能。和珅表面上不露声色，暗中却变着法儿说朱硅的坏话，他把当年嘉庆帝给朱硅写贺诗的旧事又翻了出来，然后添油加醋地渲染一番，说朱硅和皇子的关系不正常，教唆皇子写诗恭维他。另外，和珅还列举了一大串历史事例，别有用心地说凡是有“市恩”行动的人都有野心，恐怕大清将来要重蹈覆辙。

和珅这一席话使乾隆帝对朱硅心生厌恶，他当即就要下旨逮捕朱硅，严加治罪。幸亏有大臣董浩从中劝谏，澄清当时写贺诗的事实真相，朱硅才免于下狱受刑，但从此朱硅的政治生涯也就被断送了。不久以后，朱硅被降调为安徽巡抚，并命其以后不得内召，永为外任。这样一来，朱硅不仅没当成大学士，还被狠狠地踢了一脚，踹下深沟，而大学士之职在不久以后则加在了和珅头上。

古人有一句话说得非常好，叫“多行不义必自毙”，一些小人即使得逞了，也只是暂时的，终有一天要自食其果，所以心胸狭窄的和珅最后自然没有什么好下场，他被乾隆的儿子嘉庆以一条白练赐死，结束了其风光又可悲的一生。

和珅的遭遇印证了“恶有恶报”那句话，但我们不要忘了前面那一句“善有善报”。我们在防小人的同时，也要检讨自己是不是有时候会做出“小人”的行径。要做一个真正的君子，不仅仅是因为害怕做小人没有好下场，而是从人的本性和自然规律出发，正直的人往往受到他人的尊敬。

凯瑟的第一个女儿出生不久，他在自己从小长大的那个镇上当了一名教师。他和妻子都很想拥有一块土地，在上面建造一座房子。

凯瑟注意到，在镇南面牛羊成群的那片15英亩的土地，是90多岁的尤迪先生的。尤迪是个退休银行家，有许多的土地，但一块也不卖。尽管如此，凯瑟还是拜访了尤迪。

“对不起，我不能卖，”尤迪说，“我已经将这块土地许诺给一个农民放牧了。”

“我知道，”凯瑟感到有点紧张，“我是这里的老师，也许你会卖给打算在这里定居的人。”

“你说你叫什么名字？”尤迪问。

“凯瑟。比尔·凯瑟。”

“那么，知道格列弗·凯瑟吗？”

“当然知道，先生，他是我的爷爷。”

尤迪先生有些惊讶，然后他指着一把椅子，让凯瑟坐下来。

“格列弗·凯瑟是我曾经有过的最好的农场工人，”尤迪先生说，“他总是早来晚走，用不着我吩咐，就主动把所有要干的事都干了……如果有活没当天干完，他会觉得不好受。”

老人眯缝着眼，沉浸在遥远的回忆当中。良久，他和蔼地问道：“再说一下看，你要什么，凯瑟？”

凯瑟又将想买地建房的意思重复了一遍。

“好吧，让我考虑考虑，过两天你再来。”

一周之后，尤迪先生对凯瑟说，他已经考虑好了，凯瑟紧张地看着老人。

“3800 美元怎么样？”老人开口了。每亩 3800 美元，15 英亩要付出将近 6 万美元，这岂不是变相的拒绝吗？

“3800 美元？”凯瑟艰难地问道。

“是的，15 英亩一共卖 3800 美元。”老人微笑着点了点头。

就这样，凯瑟无限感激地以象征性的 3800 美元买下了那 15 英亩土地。

很多年之后，凯瑟指着那片越来越美丽的土地对他的儿子说：“孩子，这全都因为一个你从未见到过的人的美好的声誉。”凯瑟说，在他爷爷的葬礼中，人们纷纷告诉他说，爷爷博爱、诚实、宽容和正直。这使他想起了一句名言：“我们要选择的，不是财富，而是美好的声誉；不是闪亮的金子，而是正直的品格。”

这个故事再次告诉我们，小人可能风光一时，君子却要辉煌一世，甚至他去世了，离开了人间，仍然能够享有人们的尊敬，给子孙带来福泽。所以，我们要做君子，不要做小人。

第七章

心态平衡，情绪稳定
——长寿养生之术

1. 健康的心态是长寿的前提

走运时，要想到倒霉，不要得意过了头；倒霉时，要想到走运，不必垂头丧气。心态始终保持平衡，情绪始终保持稳定，此亦长寿之道也。

——季羡林《季羡林谈人生》

（走运与倒霉）

季羡林先生认为，一个人心态好，通达乐观，不以物喜，不以己悲，始终保持一种平衡的心态，这是获得健康长寿的最根本的要求。

健康是一个人人都关心的问题，但是大多数人对健康的真正含义还是比较模糊的。在生活中，有的人身体稍有不适就赶紧往医院跑，不检查出点毛病不罢休，就好像故意和自己过不去似的，这种人应该称为“健康的病人”；还有一种人，虽然身体上得了病，但看上去和正常人一样，工作、学习、娱乐什么都不耽误，治疗疾病对他而言只不过是一件平常事，这样的人我们姑且称之为“带病的健康人”。“健康的病人”可能会在郁郁寡欢中真得了病，而那个“带病的健康人”则可能在快乐的生活中变成一个真正的健康人。

我们当前提到的健康教育，多数讲的是吃什么食物对身体有营养，这个水果抗癌，那个水果抗衰老，那个水果美容。实际上就是能抗癌的水果，有人天天吃也抗不了癌。如果心态不好，天天生气，吃多少抗癌水果也无济于事。

我们往往只关心最浅显的东西，忽略了最重要的深层次的东西。对心灵、文化、思想关心得很少，我们的健康意识上存在误区，猪肉的蛋白质含量是多少，脂肪有多少等当然重要，但更重要的是心理、心灵，我们现在把最重要的给忽略了。

世界卫生组织把健康元素按照百分数划分，分为以下几个部分：遗传占15%；环境占17%，其中社会环境占到10%，自然环境7%；医生占8%；自己占60%。遗传的15%和环境的17%是我们控制不了的，而其中的60%是个人因素，我们自己可以控制。所以说，健康其实就在我们自己手里。

养生的关键在于自己的力量。如果自己豁达乐观，情绪稳定，对未来充满信心，充满力量，那么你的力量将强大到你想象不到的程度。人可以战胜细菌、病毒、癌症……但是战胜疾病有一个前提条件，即健康的心态。

人体的抵抗力分各种不同层次，由各个系统组成，它需要一个总指挥——心理，如果这个“总指挥”乐观向上，积极稳定，那么就可以调动全身所有抵抗力协同作战，形成对疾病强大的攻击力。如果心里没有信心，感到恐惧，那整个“指挥部”就崩溃了。这就和打仗一样，指挥部如果很坚定，那就能赢；如果连自己都不知道该怎么打，甚至老觉得没有胜利的希望，指挥部先乱了，一定会全军覆没的。

很多人体格健壮、肌肉结实，但心理很脆弱，这样的人不会真的健康。我们必须明白，精神乐观、情绪稳定可以调动一个人全身各个系统的力量来对抗病魔。有人说癌症病人有1/3是吓死的，那是因为他们的精神先垮了。这话说得十分中肯。

本来一个人看着没什么异常，一查出是肺癌，他可能一个月就完了。其实如果他不做这个检查，说不定还能活上三五年呢。查出有癌症后，他的精神就先不行了。有了疾病，首先应该保持好精神，在战略上藐视它，不害怕；战术上则该治的治，积极配合治疗。

阿姆斯特朗是美国自行车运动员，他患了睾丸癌，后来癌细胞转移到肺部，又转移到脑部。这是晚期睾丸癌的症状，医生说他死亡的概率是99%，活的可能性不足1%。一般人听到医生这样的结论十有八九会被彻底打垮，可阿姆斯特朗对医生说，“没事，大夫您放心，我不怕。您不是说活的概率有1%吗？我就是那1%！”阿姆斯特朗在睾丸被切除后仍不断进行放疗，奇迹般恢复了健康。而且在治疗期间，他还努力练车，他的自行车越练越好，他从全省冠军成为全国冠军到世界冠军，获奖无数，曾连续七次获得环法自行车赛世界冠军。

有一位26岁的法国姑娘患了子宫癌，切除子宫两个月后，癌细胞转移到卵巢，又赶紧把卵巢切除了，可几个月后竟又转移到结肠。她接连做了8次手术，全身都是刀疤。几个化疗疗程下来，她的头发全掉光了。她吃不下东西，骨瘦如柴，最后彻底绝望了。

姑娘觉得上帝对她不公平，自己这么年轻就得了绝症，还不如死了算了！有一天她的一个朋友来看她，惊讶地发现她好像变了个人，完全失去了原来的模样。她说：“我已经绝望了，你能告诉我怎样才能死得更快一些吗？”朋友劝慰她说：“你千万别死，生命非常珍贵，人生很有意义，你想一想你这一辈子让你最高兴的事吧。”

姑娘想起了3年前她在海滨滑水、游泳的情形。蓝天白云，微风徐徐，海鸥飞翔，人与自然融为一体，那时候感觉最快乐。于是姑娘决定和她的朋友再去体验一下当时的感觉。可这时候她连站都站不起来了，一站起来就摔倒，这是因为她卧床太久的缘故。

为了体会3年前的幸福感受，姑娘重新练习走路，又接着练滑水。其间，她遇到一位同样身患癌症的小伙子，他们俩互相帮助，互相鼓励，她的滑水技巧日益精湛，她的身体也越练越好。很长一段时间后，医院让她去复查。化验结果让医生大吃一惊，她的一切生理指标都正常了。两年后，这个姑娘获得了世界女子滑水冠军。

人如果有了精神的力量，就会变得很强大。拿破仑有一句名言：“在世界上只有两种力量，一个是剑，一个是精神，归根到底，人类的精神力量会战胜剑的力量。”

不管是预防疾病还是治疗疾病，如果我们能保持积极、乐观的心态，并采取科学的方法，那就一定能克服困难。乐观者总是从正面的、积极的角度去看待事物，他有希望，愿意努力；而悲观者，总是从负面的、消极的角度去看待事物，这样的人没有希望，前途也是灰暗的。态度悲观的人容易得病，就算没得病的时候，他也是文章开头所说的那种“健康的病人”。对健康起最关键作用的，恰恰是心理，说得更严肃一些，其实一个人的一切就取决于心态，心态一变，整个世界就会在你眼中发生彻底的改变。换个角度想问题，你会觉得世界太美了，生活多么美好，多么有意义，多么值得你去创造、去欣赏。

对于老年人来说，一个健康的心态尤其重要。本来人到老年身体各种机能都比较脆弱，一旦陷入恐惧，整天忧心忡忡，很快就会垮下去。反之，如果每天都开开心心，快快乐乐，该吃吃，该喝喝，疾病想钻进来都非常困难。

2. “适当”是长寿的关键

我并不绝对反对适当的体育锻炼。但不要过头。一个人如果天天望长寿如大旱之望云霓，而又绝对相信体育锻炼，则此人心态恐怕有点失常，仅不如顺其自然为佳。

——季羡林《季羡林谈人生》

（长寿之道）

人欢喜过度了，便会阳气偏旺；愤怒过度了，便会阴气过盛。如果阴阳二气都涨起来了，人体必受伤害。人体平衡被打破，生物钟被打乱。这就是阴阳失调，同样的道理，体育锻炼过度了，不仅不能使身体健康，反而对身体有害。所以，季老认为，万事万物都应该有一个“度”。

人一旦失去常态，生活便失去常规，思考问题便会不得要领，失之偏颇，办事也会一意孤行，不成体统。在这种情势下，人们便会有奸险、狡猾、孤僻、猛悍等表现，进一步，人群便会发生分裂，出现好人、贤人，也出现恶人与强盗。好人、贤人不断发展善良、仁德，恶人、大盗不断作恶、使坏。于是日子一天天如流水，善与恶，好与坏，真诚与伪善轮番较量。

于是，天下人奋起去惩治坏蛋，不是力量不够，就是不能除恶务尽。从夏、商、周以下，岁月流年，人们吵吵闹闹，以赏罚为能事，哪里还有时间让自己的本性得安宁呢？适度也就无从说起了。

然而，适度又是不能不注意的事情！

你喜欢眼光明亮，这样过了头，就会沉溺于色彩，追求华丽。

你要求耳朵清楚，这样走过头，就会迷惑于音乐，追求空洞不实的东西。

你喜欢仁，过分苛求，就会与人们的日常习惯发生冲突。

你喜欢义，不顾常情，就要违背事物的常理。

你讲究礼节、仪式，就容易犯虚伪造作的毛病。

你喜欢音乐、文艺，就会有邪淫的声音充斥你的耳朵、邪淫的心思萦绕心头。

你喜欢聪明、习智，便会助长无用的技艺发展；使人性天然之质受到种种伤害。

体育锻炼也一样，有些人为了健康长寿，认为一味的体育锻炼便可以使身体机能都处于良好状态，从而超出了自身承受的能力，造成恶劣的后果。

子贡曾问孔子：颛孙师和卜商二人，谁比较优胜些？孔子则说颛孙师办事有些过分，卜商办事有些赶不上。子贡理解为颛孙师优胜一些。孔子的回答却是："过分和赶不上同样都是不好。"

就上面这件事看来，一般人也有一个定论，就是做事过分的总比做得不足的来得好。中国人有句话说，"礼多人不怪"，也是认为"多"比"少"好。做"多"了，别人是不会见怪的，做"少"了，就会被人责怪，认为你不够诚意。"多"和"少"究竟谁好些，还是两者都不好呢？

中国人看重勤，认为勤是美德。因此，如果一个人样样事都做到加倍的勤，结果虽不免过分了点，但这种"过分"往往会受到赞赏。这究竟是否正确呢？当然不是了。即便是一个运动员，如果每天的操练都不按部就班，而是"过分"的运动，很可能他会拉伤筋骨，对自己的身体造成伤害，导致自己的运动员生涯就此结束，这样是好吗？况且中国人也有一句"物极必反"，凡事做到了极限必会有反效果，可见做得过分实是件不好的事。

至于"不及"方面，就不需要多加解释了。凡事都做不到要求，当然被视为不好，更会被认为力有未逮，甚至是懒惰。例如烧饭的时候要用70毫升的水，但你却用了50毫升的水烧饭，结果当然是难以入口的了。

正如孔子所说，过分与不及也是不好的——“过犹不及”，要做好一件事情，最好就是把事做到完美，所谓“完美”就是“合乎中庸”，不“多”也不“少”，这样就是好了。

诸如，我们不是反对人追求，追求也要有度，过了则为贪；也不是反对什么事都不动心，而是不要人心有“挂碍”。因为有贪就瞎；有挂碍就滞。贪婪必然导致“我执”，一执著，就易导致心灵的“挂碍”和“滞”。

我们要勇于抵挡诱惑，敢于放弃非分之利益。贪小失大，后果必然可悲。应该学习达者，他们对不属于自己的东西绝不贪图，甚至对自己能得到的东西，有时也谨慎地推托。

我们应戒除任何贪念。这些贪念不仅包括功名利禄，也包括生命。如果用一颗平常心来对待生死，能够微笑着离开世界，我们也不会疯狂地锻炼，从而给身体造成伤害了。

3. 无为养生法

常见有人年才逾不惑，就开始挑食，蛋黄不吃，动物内脏不吃，每到吃饭，战战兢兢，如履薄冰，窘态可掬，看了令人失笑。以这种心态而欲求长寿，岂非南辕而北辙！

——季羡林《季羡林谈人生》

（长寿之道）

人的生命只有一次，养好生命，人才能长寿。然而，危及人类生命的杀手比比皆是：饮水、空气、食物等生存条件被破坏和污染、普遍运动失衡、各种残害人们的灾难性疾病层出不穷……。

我们如何养生才好呢？让我们听听中华民族智慧之神——老子揭示的真谛："弗为不成"。意思是：人学地，不妄为，不违背规律，自然而然就可以成。也就是说，做事做到自然状态，就是达到了最高境界。由此，我们可以悟出：无为养生，是养护人生的最高境界！

无为养生，辞海中没这词条，辞源中没这词条，中外药典等各类医养类著作中也没有无为养生的阐述。无为养生是一个全新理念。如何无为养生呢？就是顺应自然世界和社会生活的规律，养护我们唯有一次的生命，也就是"顺其自然"地追求人生健康。

对于养生，人们各有各的看法。但"英雄所见略同"，许多长寿者都认为养生不必有过多的禁忌，以顺乎自然为好。

著名历史学家周谷城老人说："有人说老年人不能吃肉，不能吃动物油，连吃鸡蛋也只能吃蛋清。对此我却不大赞成，我是想吃什么就吃什么，什么东西吃着香就吃什么，饮食首先要吃下去，然后才能消化吸收。不想吃的东西看着就叫人烦，那怎么行？有想吃的东西却不让吃、吃不着，这在精神上也会引起不良反应，对健康同样是不利的。"

季羡林先生年近百岁时，但仍身板硬朗，思维敏捷。有人问他有什么长寿秘诀，他的回答是："我的秘诀就是没有秘诀，或者不要秘诀。"季老常常看到一些相信秘诀的人，禁忌很多，这也不敢吃，那也不敢吃，季老不以为然。他凡是觉得好吃的东西都吃，不好吃的东西就少吃或不吃，其理论是："心里没有负担，胃口自然就好，吃进去的东西就能很好消化，再辅之以腿勤、手勤、脑勤，自然就百病不生了。"

说起养生之道、长寿秘诀，那真是形形色色，五花八门，不仅使人眼花缭乱，无所适从，甚至有的互相对立。有这么一则笑话，讽刺的就是那些所谓的长寿秘诀：

某记者听说某地有位长寿老人，便赶去采访。老人向其介绍自己的长寿秘诀：一辈子不吃肉，不喝酒。记者如获至宝，于是专心记录。恰在此时，忽然从屋子里传出叫骂声，记者忙问是怎么回事？老人不好意思地解释："因为接受您的采访，耽误了给我父亲买肉打酒，老人家发脾气了……"

人体的差异性很大，没有一成不变的养生之道和长寿秘诀。在养生问题上，不要有那么多禁忌，搞那么多条条框框、清规戒律，不要强迫自己做那些难以做到的事。保持精神愉快，乐观豁达，想吃什么就吃什么，吃也吃得下，睡也睡得香，有问题则设法解决，有困难则努力克服，干什么就专心干，心平气和，从容处之。这样符合自然规律，焉有不长寿之理？当然，这里所说的"顺乎自然"也是相对而言，如果因为有病或其他原因，医生嘱咐忌吃某些食品、减少某些活动，那就另当别论了。

4. 摆脱心理负担

对什么事情都不嘀嘀咕咕，心胸开朗，乐观愉快，吃也吃得下，睡也睡得着，有问题则设法解决之，有困难则努力克服之，决不视芝麻绿豆大的窘境如苏迷庐山般大，也决不毫无原则随遇而安，决不玩世不恭。“应尽便须尽，无复独多虑”。有这样的心境，焉能不健康长寿？

——季羡林《季羡林谈人生》

（长寿之道）

在季老看来，很多人沉重的心理负担是击垮他们的根本原因，他们往往为一件小事唠唠叨叨，吃不好，睡不着，弄得自己疲惫不堪。日常生活中，心理负担导致自身失败、束缚个人聪明才智的事情随处可见。

兵法上有这样一句话：置之死地而后生。说的是在与敌人交战时，将军有意将自己军队的阵地和营地安放在没有退路的绝境。这样，官兵们以为自己已没有活路了，只有拼死冲杀。既不指望吃了败仗还有逃命的去处，也不想天兵天将来把自己救出火坑。只有打，一往无前地打。既然不能活了，命就要没了，还有什么牵挂的呢？所以这样的军队打仗，心理负担最少，当然最有战斗力。

这实际还是一个心理作用的问题。

有位象棋爱好者，平常和别人下棋，谈笑风生，出手极快，落子就像不假思索，周围的人很少是他的对手。但到象棋比赛的时候，平常他可让边车边马的对手，这时却可以把他杀个大败。为什么这样？因为他心里老想着这是比赛，一定要下好，心理极度紧张，思想放不开，聪明才智就发挥不出来。而在实际投子布局时，又前怕狼后怕虎，犹犹豫豫，结果，终于让自己打败了自己。

这只是一种娱乐，成败无关紧要。如果在人生事业的重要关头，有如此心理负担，不仅会束缚自己的聪明才智，而且还会成为自己奋力进取的绊脚石。

人做任何事，不可能没有一种心理，但对于健康而言，人只需要放平心态，顺其自然就可以了。这就是常人所说的，要放松，尽量放松。要说这其中有什么道理，那就是没有目的，却自然达到了目的。

名声和实事，本来应是一对一的。有什么实，就有什么名，有什么样的内容，就有什么样的形式。二者统一于实事本身，二者不矛盾，也不分离。如果要是分离了、矛盾了，那就是人的错误，那就要坏事情。像上面说的那位棋手，名实相副，正常地发挥实际水平与能力，比赛取胜是顺理成章的事。正如到了冬天，穿上棉衣；碰到豺狼，拿起猎枪，绝没有错误。但一心想着名声，想着功成名就将怎样，不成又怎样，于是，名改变了实，人就要遭到失败。人的心理上的事儿就这样玄妙。

人生世上，难的不是明白大道理，而是明白了大道理，却做不好小事情。这就是，人常常给自己做了一个心灵的笼子，却走不出来。

鲁国有个被砍断了脚趾的人前去拜见孔子。

孔子却责备他："做人行事不检点，遭受刑罚成了残废，现在即使求教圣贤，于事情又有什么好处呢！"

那人回答："我就是因为不懂世事人情的复杂，便轻率地投身社会，所以才被砍去脚趾的。现在我来到您这里，就是认定世上还有比脚趾更宝贵的东西可追求，所以我下定决心，要使它完美无缺。天可覆盖一切，地可容纳所有。我把先生视为覆纳全部所有的天地，想不到先生这样计较外在形骸，真令人失望！"

孔子立即意识到自己的精神正陷入一个自我制造的笼子里，赶紧说：

"孔丘实在太浅陋了，先生何不深细地给我指点一番大道呢？"

那人什么都没说，转身就离去了。孔子长叹说："同学们哪，要努力啊！这个残疾人尚且努力学习，以弥补自己残形的不足，何况健全的人呢？"

那人走后对老子说："孔丘作为一个德才完美的人来说，还差得远哩！他干吗总是装得彬彬有礼、摆出一副好学慕道的样子呢？他大概是希望通过这装模作样获取声誉，使自己名扬天下吧！然而，他哪里懂得，大智大慧大才大德的人，恰恰是把这些看成是人心灵的牢笼、人生的枷锁！"

老子说："你怎么不直截了当地指教他，让他走出心灵的樊笼呢？"

那人摇摇头说："不可能！这似乎是老天对人的一种惩罚啊。"

那个失去脚趾的人确实说对了，人实在有一种与生俱来的、自造的心灵的笼子。讲道理潇洒，为人处世却难得潇洒。成功、失败、优点、缺陷、幸福、痛苦、贫困、富有……人生所有，特别是自己与别人比较突出的特点，尤其成为大的心灵的笼子——强人之处，产生骄傲的毛病，是自己的一种负担；不如人处，产生自卑心理，更是一种精神负担，这不都是心灵的笼子么？

走出来，天地宽广，活得潇洒。

然而，众多的人却走不出这笼子！

说置之死地而后生，说不可为名而忘实、为实而背名，都是说为人做事处世，不要给自己做一个精神包袱，使自己处处被动。应该放下包袱，轻装上阵。俗话说福至心灵，有些玄乎，但为人做事如果身心轻松、聪明智慧确实可增加几倍。

凡是以外物为重的人，内心总是昏聩的。心病还需心药医，不要自己吓自己，自己才是人生路上的坎，迈过这个坎，就会天高云淡。

5. 不要轻易动怒

喜，我不会过头。怒，我也不会火冒十丈，怒发冲冠。

——季羡林《季羡林谈人生》（毁誉）

季老认为，每个人都避免不了动怒，动怒是一种心理病毒。它同其他病毒一样，可以使你重病缠身，一蹶不振，后悔迭起。愤怒者不仅仅表现出厌烦或生气，如果这仅是一种外在表情倒也罢了，但很多情况下，时常发怒往往是滋生痛苦的引爆线，让你身陷痛苦而无可自拔。

留心四周，到处都可以找到正在生气发怒的人们。商店里，也许顾客正在和营业员吵架；出租车上，司机也许正因交通堵塞而满脸怒色；公共汽车上，也许两人正在为抢占座位而大打出手……

其实，并非人人都会不时地表露出自己的愤怒情绪，时常发生这种习惯可能连你自己也不喜欢，更不用说他人感觉如何了。因此，你大可不必对愤怒情绪留恋不舍，它不能帮助你解决任何问题。任何一个精神愉快、有所作为的人都不会让它跟随自己。

首先，让我们来看看心理学家们是如何看待“愤怒”的。这里我们所提的愤怒是指当某人在事与愿违时做出的一种情绪反应。它的形式有勃然大怒、敌意情绪、乱摔东西甚至怒目而视、沉默不语。它不仅仅是厌烦或生气，它的核心是惰性。愤怒使人陷入痛苦，其起因往往是不切实际地期望大千世界要与自己的意愿相吻合。当事与愿违时，便会怒不可遏。

愤怒既是你做出的选择，又是一种习惯。它是你经历挫折的一种后天性反应。你以自己所不欣赏的方式消极地对待与你的愿望不相一致的现实。事实上，极端愤怒是一种精神错乱——因为此时你不能控制自己的行为。

从心理学角度来看，愤怒可能会破坏情感关系、阻碍情感交流、导致内疚与沮丧情绪。总之，它使你后悔而不愉快。你可能不相信这种观点，因为你或许听说过发火要比生闷气更有助于身心健康。是的，生气时把气发出去比把气憋在心里要好得多。但是，还有一种比发火更好的办法——根本不动怒，为什么不采用这种方法呢？这样，你便不会为决定是发火还是生闷气而自寻烦恼了。

同其他所有情感一样，愤怒是大脑思维后产生的一种结果。它不会无缘无故地产生。当你遇到不合意愿的事情时，就告诉自己：事情不应该这样或那样，于是你感到沮丧、灰心。然后，你便会作出自己所熟悉的愤怒的反应，因为你认为这样会解决问题。

如果你仍然决定保留自己心中愤怒的火种，你就可以通过不造成重大损害的方式来发泄愤怒。然而，不妨想想，你是否可以在沮丧时以新的思维支配自己，用一种更为健康的情感来取代使你产生惰性的愤怒。世界绝不会像你所期望的那样，你很可能会继续厌烦、生气或失望，但无论如何，你却完全可以消除那种不利于精神健康的有害情感——愤怒。

你或许认为，愤怒可以使你达到自己的目的，因而发怒是有道理的。关于这一说法，我们可以先看看下面这一情形：

假设你有一个两岁的女儿，她正在街上玩耍，而且很可能会被车子撞上，你板起脸大声叫她回来。如果你觉得这样高声说话的目的是为了让孩子别在危险的地方玩耍，那么这倒不失为一个很好的方法。然而，如果你因此而真的生气，气得脸发红、心跳加快、乱摔东西就不应该了。你完全可以通过其他方法教育孩子，根本犯不上自寻愤怒。你可以这样想："女儿在街上玩很危险，我要让她懂得在街上玩耍是不能允许的，我要高声叫她回来，以表明我的坚决态度，但我无论如何也不会为此勃然大怒的。"

有这样一位妈妈，她根本不能控制自己的愤怒。每当孩子淘气时，她总是大发脾气。可是，她越是发脾气，孩子们就越淘气。她惩罚他们，把他们关在屋里，大声叫骂，激怒不已。与其说她在当妈妈，带孩子，倒不如说她在带兵打仗。她光知道大声叫骂，一天下来，犹如从战场归来，累得筋疲力尽。

孩子们知道他们淘气会惹妈妈生气，可他们仍然不听话。这是为什么呢？因为愤怒就是这样捉弄人：它根本不能改变别人，只能使别人更想控制动怒的人。如果要上面提到的孩子们说出他们淘气的理由，他们或许会这样告诉你："知道怎样让妈妈动怒吗？只要说这样一句话，做那样一件事，就可以控制她，让她气得发昏。你会在屋里给关一会儿，那是无所谓的。既然我们能对妈妈施加这么大的影响，我们应多这样逗逗她，看看她会气成什么样。"

从这个例子可以看出：在生活中，不管对什么人动怒，它只能使别人继续自行其是。尽管惹人生气的人有时会后怕，但他同时也知道他可随意叫对方动怒，从而在感情上控制对方。可怜的是，发怒的人往往认为可以通过愤怒来控制对方。

也许你属于这样一类人，即对某人某事有许多愤愤不平之处，但从不敢有所表示。你积怨在胸，敢怒不敢言，成天忧心忡忡，最后积怨成疾。但是，这并不是那些咆哮大怒的人的反面。在你心里，同样有这样一句话："要是你跟我一样就好了。"你以为，别人要是和你一样，你就不会动怒了。这是一个错误的推理，只有消除这一推理，你才能消除心中的怨怼。虽然有怒便发比积怨在胸好得多，但你会慢慢懂得，以新的思维方式看待世事以至根本不动怒，这才是最为可取的。

你可以这样安慰自己："他要是想捣乱，就随他去。我可不会为此自寻烦恼。对他这种愚蠢行为负责的，是他不是我。"

你也可以这样想："我尽管真不喜欢这件事，却不会因此陷入痛苦。"

总之，你只要自尊自重，拒绝受别人控制，便不会再用愤怒折磨自己，没有了愤怒，当然你也会少了后悔。

发怒，完全是一种可以消除与避免的行为，只要好好地把握自己，你就可以让自己走出这种坏习惯。下面是消除愤怒情绪的若干具体方法。

（1）试试推迟动怒的时间。如果你以前总是一遇事就开始发火，那么下一次你不妨先推迟 15 秒钟，然而再照常发火；再下一次推迟 30 秒，然后不断延长间隔时间。一旦你意识到可以推迟动怒，你便学会了自我控制。

（2）当你确实想动怒时，不妨通过一些外在形式的转化，比如提高嗓门或板起面孔，但千万不要真的动怒，不要以愤怒所带来的生理与心理痛苦折磨自己。

（3）请你身边的朋友帮助你。让他们每当看见你动怒时，便提醒你。你接到信号之后，可以想想看你在干什么，然后努力推迟动怒。

（4）你可以讨厌某件事，但你仍不必因此而生气。要知道，为自己不喜欢的东西而生气是完全不值得的。

（5）当你发怒时，提醒自己，人人都有权根据自己的选择来行事，如果一味禁止别人这样做，只会延长你的愤怒。你要学会允许别人选择其言行，就像你坚持自己选择言行一样。

（6）写“动怒日记”，记下你动怒的确切时间、地点和事件。强制自己诚实地记录所有动怒行为。只要持之以恒，你很快会发现，记录动怒的行为本身将促使你少动怒。

（7）当你要动怒时，尽量靠近你所爱的人。一个人是不会对自己真正所爱的人发火的，当你靠近他并试图握着他的手，那么你会感到有股力量注入你的体内。

（8）在大发脾气之后，勇于承认自己的错误，并大声宣布，现在你决心采取新的思维方式，今后不再动怒。这一声明会使你对自己的言行负责，并表明你是真心实意地改正这一错误。

（9）当你不生气时，同那些经常受你气的人谈谈心。互相指出对方最容易使人动怒的那些言行，然后商量一种办法，平心静气地交流看法。

6. 服丹药不是长生之道

长生不老，过去中国历史上，颇有一些人追求这个境界。那些炼丹服食的老道们不就是想“丹成入九天”吗？结果却是“服食求神仙，多为药所误”，最终还是翘了辫子。

——季羡林《季羡林谈人生》

（长生不老）

历史是一面镜子，季老对于历史是深有研究的，他从这面镜子里看到了那些妄图长生不老而服食丹药的人们的可悲，而这些当中却不乏聪明绝顶、学识渊博之辈。我们这里就举两个例子。

第一个就是被称为圣君明主的唐太宗李世民。

晚年的唐太宗，气疾缠身，越来越严重，健康状况大不如前，还不到50岁，却已临近暮年。48岁那年，他从辽东返回京师的途中，患了毒痈，差点丧命。后来，他又得风疾，瘫痪在床，一病不起。公元647年8月，齐州人段志冲上书劝太宗传位皇太子。太宗虽然很不高兴，但也没有给段志冲治罪，因为他确实感到已经精力难支了。这年11月，太宗病愈，却只能隔三日上一次朝。

在此期间，太宗大量服用方士炼制的“金石”之药，希图长寿。公元648年，唐借吐蕃兵击败天竺，一万多俘虏，被解至长安。俘虏中有一位方士名叫那罗迩娑婆，自称能配制金石秘剂。太宗如获至宝，大加赞赏，把他请至金飙门宫内配制延年之药。唐太宗本来较少迷信思想，他还曾讥笑过秦始皇、汉武帝为图长寿求神仙的事，并说："神仙事本虚妄，空有其名，不烦妄求也。"可是封建统治者的本能，使他也同样走上了这条荒唐的道路。

吃了那罗迩娑婆的金石秘剂，太宗不但未见康复，反而病情大为加剧。公元649年3月，唐太宗因金石药毒发作离世。享年52年。

剥削阶级不可抑制的奢欲，使这位功绩卓著的封建政治家由于误食金石之药而可悲地结束了生命。

唐代还有一位聪明绝顶的人，你怎么也不会想到他也死于金石之药。他不仅是古文运动的倡导者，而且是当时思想文化界反宗教迷信的领袖人物。他甚至还写过《李于墓志》这样强烈批评丹药之害的文章。他就是"文起八代之衰"的大文豪韩愈。

白居易在他的《思旧》诗中写道："闲日一思旧，旧游如目前。再思今何在？零落归下泉。退之服硫黄，一病讫不愈。微之炼秋石，未老身溘然。杜子得丹诀，终日断腥膻。崔君夸药力，经冬不衣绵。或疾或暴夭，悉不过中年。惟余不服食，老命反延迟……"

这里的"退之"指的正是韩愈。其余"微之"是元稹，"杜子"乃杜元颖，"崔君"即崔玄亮，都是当时名重一时的名士。

关于韩愈死于丹药的说法，有很多证据。

首先，在《李于墓志》中，曾写到一种炼丹的方法，"其法以铅满一鼎"，正是铅汞一派合炼的具体方法，这说明韩愈是深知丹药炼法的。如果说知道方法并不代表炼制服食的话，那么同一篇文章中提到友人孟简给他"秘药一器"则说什么也无法掩饰过去了。试想，如果韩愈真的那样嫉"药"如仇，友人给他炼药的用具又做什么呢？

还有，韩愈晚年的《寄随州周员外》中写"金丹别后知传得，乞取刀圭治病身"（《韩昌黎集》），已经是明明白白地把话说出来了。韩愈晚年身体极差，他想靠丹药来维持余生。关于这一点是为韩愈晚年好药的有力证据，早在宋时就已经有人提出来了。

第三，韩愈一生是位纯儒，他力辟佛道，这是没有异议的。但是在唐代，炼丹已经不是单纯的一种宗教行为了。比如在1970年西安出土的盛唐晚期遗物中，就有丹砂、钟乳石、紫石英、琥珀等炼丹药物和炼丹器、温药器、研药器等炼丹工具。从世人拿这些东西陪葬，我们可以看出，炼丹术已经脱离了单纯的宗教活动，演变成了当时社会流行的一种社会风气。同时，《太平广记》也有许多和尚炼丹的例子，这就更能说明炼丹已经发展成为社会行为了。

历史往往并不如我们想象的那般美好，韩愈之死给后人敲响了警钟，有时候我们表面上对一些不好的事情反对得死去活来，其实骨子里未必不上他的当。可见，人的意志力并不如我们期望的那般强大。

据说韩愈和当时很多人一样，是相信道家修炼学说的，而且在方法上很有创意。他晚年养了一群公鸡，在给公鸡的饲料里拌上道家修炼常用的硫黄，喂到1000天以后即宰杀服食。

这么费劲的吃公鸡办法，当然不只是为了吃鸡，韩愈相信这是有效的长生之道。除此之外，他大概还学习了一些直接服食丹药的方法，因为他最后就是因为服丹药而死的。

从上面两个例子看来，我们不得不进行反思。追求健康长寿是无可厚非的，但要有一颗平常的心态，如果急功近利，希图长生，那就不可取了，反而往往会身受其害。

7. 做一个生命的强者

尽管人的寿夭不同，这是人们自己无能为力的。不管寿长寿短，都要尽力实现这仅有的一次生命的价值。多体会“民胞物与”的意义，使人类和动植物都能在仅有的一生中过得愉快，过得幸福，过得美满，过得祥和。

——季羡林《季羡林谈人生》

（长生不老）

季羡林先生告诉我们，人的寿命长短是个人无法左右的，也是不可强求的，但是抱一种什么样的心态来对你的一生，却是由自己来决定的。他认为，只有做一个生命的强者，才能过得愉快、幸福、美满、祥和，才不虚度此生。

著名心理学家威廉·詹姆斯说过：“世界由两类人组成：一类是意志坚强的人，另一类是心志薄弱的人。后者面临困难挫折时总是逃避，畏缩不前。面对批评，他们极易受到伤害，从而灰心丧气，等待他们的也只有痛苦和失败。但意志坚强的人不会这样，他们来自各行各业，有体力劳动者，有商人，有母亲，有父亲，有教师，有老人，也有年轻人，他们心中都有股与生俱来的坚强特质。所谓坚强的特质，是指在面对一切困难时，仍有内在的勇气承担外来的考验。”

在纽约的一个小镇上有位名叫吉姆的男孩，他是个天生顶尖的运动好手。不过他刚入中学不久腿就瘸了，后来，腿病又恶化为癌症。医生告诉他必须动手术，他的一条腿便被切掉了。出院后，吉姆拄着拐杖返回学校，高兴地告诉朋友们，说他将会安上一条木头做的腿："到时候，我便可以用图钉将袜子钉在腿上，你们谁都做不到。"

足球赛季一开始，吉姆马上回去找教练，问他自己是否可以当球队的管理员。在练球的几星期中，他每天都准时到球场，并带着教练训练攻守的沙盘模型。他的勇气和毅力感染了全体队员。

有一天下午吉姆没来参加训练，教练非常着急，后来才知道他又进医院做检查了，并得知吉姆的病情已恶化为肺癌。医生说："吉姆只能活6周了。"吉姆的父母没有将此事告诉他。他们希望在吉姆生命的最后时期，能尽量让他正常过日子。吉姆又回到球场上，带着满脸笑容来看其他队员练球，给其他队员加油鼓劲。因为他的鼓励，球队在整个赛季中保持了全胜的纪录。为庆祝胜利，他们决定举行庆功宴，准备送一个全体球员签名的足球给吉姆。遗憾的是吉姆因身体太虚弱没能来参加。

几周后，吉姆又回来看球赛。他脸色十分苍白，除此之外，仍是老样子，依旧满脸笑容，和朋友们有说有笑。比赛结束后，他到教练的办公室，整个足球队的队员都在那里。教练还轻声责问他："怎么没有来参加餐会?""教练，你不知道我正在节食吗?"他的笑容掩盖了脸上的苍白。

队员们拿出要赠送给他的胜利足球，说道："吉姆，都是因为你，我们才能获胜。"吉姆含着眼泪，轻声道谢。教练、吉姆和其他队员谈到下个赛季的计划，然后大家互相道别。吉姆走到门口，以坚定冷静的目光回头看着教练说："再见，教练!"

"你的意思是说，我们明天见，对不对?"教练问。

吉姆的眼睛亮了起来，坚定的目光化为一种微笑。"别替我担心，我没事!"说完这句话，他便走了。

两天后，吉姆离开了人世。

吉姆对自己将不久于人世的事实，能坦然接受，没有丝毫的退缩。这说明他是一个意志坚强、积极思考的人。他将悲惨的事实转化为富有创意的生活体验。或许，有人会说，吉姆还是死了，积极思想最终也未能帮他多少忙。其实，这并不完全对，因为他凭借信仰的力量，在最坏的环境中创造出令人振奋而温暖的感觉。他不像鸵鸟那样将头埋进沙堆，逃避事实，而是完全接受了命运，决定不让自己被病痛击倒。虽然他的生命如此短暂，他去用心珍惜它，把勇气、信仰与欢笑永远留在他所认识的人们心中。一个能做到这一点的人，他的人生已充满了意义。

这种积极心态的力量，便是意志坚强，这便是拒绝被打败，这也就是尽你一生所有勇敢面对人生。

如果你保持积极的心态，并引导它为你明确的生活目标服务的话，你就能享受为你带来成功环境的成功意识、生理和心理的健康、独立的经济、出于爱心而且能表达自我的工作、内心的平静、没有恐惧的自信心、长久的友谊、长寿而且各方面都能取得平衡的生活、免于自我设限、了解自己和他人的智慧。

相反，如果你抱有一种消极心态来面对生活，就会影响你的工作，你将会品尝到贫穷与凄惨的生活、生理和心理的疾病、使你变得平庸的自我设限、恐惧以及其他破坏性的结果、限制你帮助自己的方法、敌人多朋友少、产生人类所知的各种烦恼、成为所有负面影响的牺牲品、屈服在他人的意志之下、过着一种毫无意义的颓废生活。

面对两种心态有些人或许会产生疑问：“事实果真如此吗？我一生中就碰到过许多困难与挫折，每当这些时候，我也读过不少积极心态的力量的书，可是仍解决不了问题。”或许还会说：“是的，我也认为那一套有用。我的事业正陷入低潮，我也试过持有积极心态，但我的生意依旧毫无起色。积极思想无法改变事实，要不然我怎么还会遇到失败呢?”

如果产生如此疑问，只能说你并不完全真正了解积极心态力量的本质。一个有积极心态的人并不否认消极因素的存在，他只是能够不让自己沉溺其中。积极心态要求你在生活的一时一事中学会积极的思想，积极思想是一种思维模式，它使我们在面临恶劣的情形时仍能寻求最好的、最有利的结果。换句话说，在追求某种目标时，即使举步维艰，仍有所指望。事实也证明，只有维持好的心态，才有可能获得成功。积极思想是一种深思熟虑的过程，也是一种主观的选择。

积极能使一个懦夫成为勇士，从心志柔弱变成意志坚强的人。

如果你以积极的心态面对现实，并且相信成功是你的权利的话，你的信心就会使你成就所有你所制订的明确目标。但是如果你接受了消极心态，并且满脑子想的都是恐惧和挫折的话，那么你所得到的也都只是恐惧和失败而已。

如果你不能立即得到回报，却仍以愉快的态度提供更多服务，那就是在培养你积极且愉悦的心态，而这正是培养引人注目的个性的基础。

当你培养出吸引人的个性时，几乎所有的人都会愿意依照你的意愿为你工作。所以说培养吸引人的个性，是一件很有价值的事情。你希望别人如何对待你，你就应以相同的态度对待对方；多多动用“己所不欲，勿施于人”的金科玉律，如果对方没有立即给你回报，你应该再接再厉。

亚布拉罕·林肯说过：“人下决心想要愉快到什么程度，他大体上也就愉快到什么程度。你能够决定自己头脑中想些什么。你能控制着自己的思想。”

成为积极还是消极的人，全在于你自己的抉择。没有人与生俱来就会表现出好的态度或不好的态度，是你自己决定要以何种态度看待你的环境和人生。做一个生命的强者，用积极的心态处理人生的挫折。

8. 面对生命，要“想得开”

我认为，周一良先生的四“得”的要害是第四个，也就是“想得开”。人，虽然自称为“万物之灵”，对于其他生物可以任意杀害，也并不总是高兴的。常言道：“不如意事常八九，可与人言无二三”，这两句话对谁都适合。

——季羡林《阅世心语》

（老年四“得”）

季老认为，生死无常，故而人应该顺应生死之自然，既不贪生怕死，也不无趣轻生，而应该生则随生，死则随死。在自杀率偏高的今天，这番言论更具有警世意义。人只要活着，就是一件相当不容易的事了，那么还有什么想不通，值得自己去付出生命的代价呢？在最为宝贵的生命面前，还有什么不能放弃呢？

日常生活中，我们发现别人做的事情都是大事，或者运作上亿的资金，或者年少已是某知名企业的带头人，或者星运亨通；而自己做的全是蝇头小事，打打字，上上网，为某一个项目的琐碎细节奔走，被某个恼人的客户缠得焦头烂额，却得不到什么，于是怨愤，悔恨，甚至轻生。

如果你不够珍爱自己，如果你总觉得不满，如果你连怎么活着都已淡忘的话，那么请你去看看西方拍摄的一部科教片《亚马逊蝌蚪》。看过这部片子的人都会受益匪浅，尤其是对如何保持内心平静，幸福愉悦地走完自己的一生深有启迪：

大约是夏末初秋的季节，亚马逊蝌蚪被大蛙产了下来。这时的所谓亚马逊蝌蚪，只是一个上万只黏在一起的卵子团，除了一团白色的泡沫，什么也看不出来。这团白色的卵子，被大蛙产在河塘上的一片阔大的荷叶上。

卵子就要靠自己的生命力来慢慢孵化，这时候的大蛙再也管不了这些暴露在光天化日之下的孩子了。而此时的亚马逊河两岸，艳阳高照，万物充盈，正值初秋最美好的时光。整个亚马逊河上，到处都是一片金黄的景象。

这个时候，满天的红蜻蜓也正处于交配的旺盛期。它们在水面上飞来飞去，自由地飞翔，远远望去，丰饶如海，真是美极了。

然而这些美丽得让人心动的红蜻蜓，却是以大蛙的卵子为食物的。这就是亚马逊蝌蚪遭遇的第一次危险。

这时的它们，尚无任何能力抵挡天敌的吞食，在还不知道这个世界到底是个什么样子的时候，便已经被红蜻蜓吃掉了多半。确切地说，红蜻蜓的存在，是仰仗于亚马逊蝌蚪的存在而存在的。当剩下的亚马逊蝌蚪有了一点形状之后，一种叫蓝水鸟的亚马逊水鸟，不早不晚，正好长大。它们来到这个世界的第一种食物，正好也是亚马逊蝌蚪，一切就像是准备好的一样。这种上苍安排的食物链，让亚马逊蝌蚪只好成为自然界中的一道牺牲品。

亚马逊蝌蚪，要想从一团卵子变为真正意义上的蝌蚪，最少也要经过一个月的时间。而这个季节，又是亚马逊河最为变化莫测、万物争荣的季节。这段日子，对于亚马逊蝌蚪来说真是既漫长又艰辛。危险对于它们来说，实在是数不胜数，然而，作为生命，这时的他们没有一点能力可以逃脱或是躲避，他们只能一直待在荷叶上，任天敌肆意攻击。

在生机盎然的大自然中，在整个秋季，亚马逊蝌蚪的弱小卑微简直到了可以忽略不计的程度。它们是靠着数量的众多，看谁更幸运一些罢了。或者更干脆地说，这要看他们的天敌，饱餐之后剩下的到底是谁，命运是如此，别无选择。

能逃过蓝水鸟这一劫的亚马逊蝌蚪，马上要赶上的是一场惊涛骇浪般的暴风骤雨。亚马逊河的最后一次潮汛这时已经形成，整个亚马逊河上终日白浪滔天，河水猛涨，不期而至的暴风骤雨会带着嘶鸣突然从天而降，把惊恐布满天地。比豆粒还要大的雨点会将大多数已经成形的小蝌蚪打烂撕碎，连同荷叶一起，抛洒到湍急的河水中，一泻千里。

看到这种景象的人都会想到那句“命如纸薄”的话。暴风骤雨过后，能留下来的亚马逊蝌蚪，只能被视为一种奇迹。

当这些残留于世的蝌蚪艰难地成长为可以活动的、带腿的动物时，它们首先要做到的，就是从还没有被摧毁的残叶上尽快地滚落到河里，然后慢慢地变成一只幼蛙。这看似已经结束了的危险阶段，却又被一种新的，更危险的情景所取代。

一种叫做红扁嘴的大头鱼，这时会准时来到一片片荷叶的下面。日夜守候在那里，仰望着头上的叶片。红扁嘴鱼的这种行为，完全是由于基因所致，它们能准时准点地从几十里，甚至几百里外的亚马逊河上游汇集到这里，等待着刚刚在千辛万苦中长大了一点点的小蝌蚪。

已经成形的亚马逊蝌蚪，为了生存，这时正开始拼命地向荷叶的下面滚去。谁想，滚下一个，红扁嘴鱼就张开大嘴，接住一个。红扁嘴鱼要在这里等候一个星期，直到把亚马逊蝌蚪基本吃光为止。能够逃过这一劫，而又幸免于难的亚马逊蝌蚪，就更是一种神奇了。用“虎口脱险，死里逃生”等任何句子来形容它们的命运都不足为过。

而这时水中的一种绿得不能再绿的草蛇也会跟着来凑热闹，它们爬上荷叶或等在水里，将一只只成形的亚马逊蝌蚪吞进肚里……

到了这个时候，一团上万只的卵子孵化出的亚马逊蝌蚪，能剩下三五只，就已经相当不错了，很多时候都是整团卵子全军覆没。如果它们真的能够滚落到河里，又逃过红扁嘴鱼和草蛇的袭击，成长为一只大蛙，那实在是上苍赐予它们的一种神奇。好在它们并没有思想，并不知道这一路活过来的苦难和艰辛，自然也就没有了抱怨。

经过重重的劫难，没有被吃掉的亚马逊蝌蚪似乎已经获得了自由，然而，随着它们身体的长大成形，它们身边的天敌却数倍增加。天上飞的，水里游的，路上跑的，喜欢以亚马逊大蛙为食的动物，这时会猛增到20多种，真是天罗地网，密密如丝地罩着这些弱小的生命。只是这时的它们，出于本能，多少也已经懂得了一点躲藏与逃生的本领。

是的，亚马逊蝌蚪的幸存，始终都是一个奇迹，一个神话。

它们始终处于挣扎的命运，与波澜壮阔的亚马逊风光总有些不相符合。从降生的数万只亚马逊蝌蚪看，最后能剩下的，还不到万分之一。因此，亚马逊蝌蚪的一生，是被公认的最为不幸，最为险象环生的一生。

当法国摄影师德塞克将亚马逊蝌蚪一生的经历拍成影片后，每一个片段竟然都成了生死场，每一分钟里，都有惊心动魄、让人揪心的场面。事实上也是如此。亚马逊蝌蚪最终能成为大蛙的可能性小得微乎其微，令人无法想象。

当人们为它们终于在千难万险中长成一只大蛙而庆幸时，它们的命运却猛然陡转，又一场多灾多难的经历重新开始了……简直让人喘不过气来，到了这个时候，许多人都已经不忍再看。

这时长成大蛙的亚马逊蝌蚪，会同它们的父母前辈一样，勇猛地跳上阔大的荷叶，为繁衍后代而不惜任何代价。惊险而揪心的情景也就再次出现了。为寻找配偶，它们毫无顾忌，日夜不停地对天鸣叫，这种响彻世间的蛙鸣，给他们带来的危险是毁灭性的，会招来所有的天敌。但为了赶在雨季之前产下卵子，它们只有奋力一搏。

白天，一种叫做长尾燕的大鸟寻声而来，把暴露在光天化日之下的大蛙从荷叶上一嘴叼住，衔向万里晴空，景象惨烈而又壮观。夜晚，猫头鹰从几里之外便能听到呱呱噪噪的蛙声，它们从天空直落到荷叶上，一口将大蛙吞进肚里。而为了繁衍后代，大蛙们不但不会躲避这些勇猛的天敌，反而会相互挤在一起，高叫不止，比着谁的歌声更为嘹亮，用彼此的牺牲保护着彼此。同时，这也是它们为繁衍后代吸引配偶的全部所在，有些义不容辞的味道。

结果，不少亚马逊蝌蚪虽然经过千辛万苦长成了一只大蛙，可是在这最后的一刻里，还是无法幸免于难。

同样的故事，对于那些过于执著于名利的人同样有警示意义。人生最大的希望是幸福。如果求得了财富、名位，却失去了幸福，这样的人生是没有希望，没有意义的。请看下面这则故事：

在森林的一条小路上，一个商人和一个樵夫经常相遇。

商人拥有长长的驼队，一箱箱的绫罗绸缎都是商人的财富。

樵夫每天都要上山砍柴，斧头和绳子是他最亲密的伙伴。

然而，商人整天愁眉苦脸，他不快乐。樵夫每天歌声不断，笑声朗朗，他很幸福。

一天，商人又与樵夫相遇，他们同坐在一块大石头上休息。

“唉！”商人叹道，“我真不明白，小伙子，你穷得叮叮响，怎么那么快乐呢？你是否有一个无价之宝藏而不露呢？”

“哈哈！”樵夫笑道，“我也不明白，您拥有那么多财富，怎么整天愁眉苦脸呢？”

“唉！”商人说：“虽然我是那样的富有，但我的一家人总是为了钱财吵得不可开交，就觉得自己无依无靠，很是孤独。他们整天想的就是如何比其他人拥有更多，却没有一个想到为我付出哪怕一丁点儿真情实意。当然，我一回到家他们就会喜笑颜开，可是我始终弄不明白，他们是对着钱笑还是对着我笑。我虽家财万贯，但我却常常感到自己实际上是一个一无所有的穷光蛋。我能快乐吗？”

“哦，原来如此！”樵夫道，“我虽然一无所有，但我时时感觉到我拥有永恒的幸福，因为全家人都是我的靠山，所以我经常乐不可支。”

“是么？那么你家里一定有一个贤惠的妻子？”商人问。

“没有，我是个快乐的光棍汉。”樵夫道。

“那么，你一定有一个不久就可迎娶进门的未婚妻。”商人肯定地说。

“没有，我从来没有过什么未婚妻。”

“那么，你一定有一件使自己快乐的宝物？”

“假如你要称它为宝物的话，也可以，那是一位美丽的姑娘送给我的。”樵夫说。

“哦？”商人惊奇了，“是一件什么样永恒的宝物，令你如此幸福呢？一件金光闪闪的定情物？一个甜蜜的吻？还是……”

“这个美丽的姑娘从来没有同我说过一句话，每次在村里与我相遇，她总是匆匆而过。三年前，她去了另一个城市生活。就在她临走之前，上车的时候，她……”樵夫沉浸在幸福之中了。

“她怎么样？”商人急切地问。

“她向我投来了含情脉脉的一瞥！”樵夫继续道，“这一瞬间的目光，对于我来说，已经足够我幸福一生了。我已经把它珍藏在我的心中，它成了我瞬间的永恒。”

商人看着幸福无比的樵夫，心中说道：“真正的富翁应该是他，我才是个名符其实的穷光蛋。”

了解了亚马逊蝌蚪生活的艰辛，我们再想一想自己所遇到的挫折，什么失恋、失业、没考上大学、工作辛苦等等，这些都还是问题吗？值得为它们而烦恼吗？人世间没有什么想不开的，我们要像故事里的樵夫那样，知足常乐。唯有如此，你才不会消沉、无奈，才会有一个健康的体魄，才会长寿。

第八章

物有极数，月有盈亏
——不完满才是人生的哲学

1. 不完满才是人生

每个人都争取一个完满的人生。然而，自古及今，海内海外，一个百分之百完满的人生是没有的。所以我说，不完满才是人生。

——季羡林《季羡林谈人生》

（不完满才是人生）

在季老看来，世间根本就没有完美的事物，人生也如此。那些整天追寻完美的人，只能整天生活在烦恼之中，这个也看不上，那个也瞧不起，反观他的自身，比别人反而更不完满了。

有这样一个故事：

有一个男人，他一辈子独身，因为他在寻找一个完美的女人。当他 70 岁的时候，有人问他："你一直在到处旅行，从喀布尔到加德满都，从加德满都到纽约，从纽约到伦敦，你始终在寻找，难道你没能找到一个完美的女人？甚至连一个也没找到？"

那老人变得非常悲伤，他说："是的，有一次我碰到了一个完美的女人。"

那个发问者说："那么发生了什么？为什么你们不结婚呢？"

他变得非常非常伤心，他说："怎么办呢？她正在寻找一个完美的男人。"

人们以为只要当他们找到一个完美的男人或一个完美的女人，他们才会爱。那么，他们永远也不会如愿以偿。因为完美的女人和完美的男人是不存在的，即便存在的话，也不一定会在意他们的爱。

爱情如此，人生更是如此。年轻的朋友们，请记住这样一个忠告：世界上根本就不存在任何一个完美的事物。请不要再幻想做一个完美主义者，现实点！

老子曰：大成若缺。最完美的东西表面看上去也有缺陷。可见世间没有终极的完美。完美只是一种假设，存在于想象中。所以极力追求完美就会被完美所累，就会不快乐。

不完美代表一种缺憾，一种距离。有了这种缺憾和距离我们才会不断追求，不断完善，从中获得快乐，如果失去了这种追求的快感和距离的美感，人生该是多么的枯燥、单调！所以从这个角度来说，不完美也是一种美。

席勒在《遗失的部分》一书中有一个写给中学生的寓言：

一个圆的一部分圆弧被切去了，它希望自己是一个完美的圆，因此就四处寻找它遗失的那一部分，但因为它不是一个完整的圆，所以只能慢慢滚动，由此它得以沿途欣赏花草的芬芳、阳光的明媚，并与蚯蚓娓娓而谈。途中它也发现了许多圆遗失的部分，但没有一片能与自己相匹配，因此它不得不继续寻找。

有一天，圆找到了自己遗失的那部分，与自己相配得天衣无缝。它高兴极了，因为它又是个完美的圆。它又开始飞快的滚动，快得连花都看不清楚，更不用说与蚯蚓谈话了。它发现在快速滚动中世界整个变了样，许多美好的东西都失去了，于是它又停了下来，将千辛万苦找回的那一部分丢在路旁，然后慢慢地滚动着行走。

这其实说明了一个道理：有缺憾时拼命追求完美，而一旦拥有了完美的一切，反而没有梦想，没有渴望，没有奋斗的激情与快乐。

不能容忍美丽的事物有所缺憾，是一种普遍的心态。对许多青年人来说，追求尽善尽美是理所当然的。他们从未想过，正是这种似乎无关紧要的态度，给他们的生活带来了巨大的压力。

生活有太多的不尽如人意太多的遗憾，比如有情人不能终成眷属，比如高考不能金榜题名，比如事业不能大展宏图，比如子欲养而亲不待……刻意去追求完美只能使自己疲惫不堪。

你不必因为一次考试少几分而耿耿于怀；不必因为说过一句错话、犯一个小过错而久久内疚；不必因为好朋友的一个小缺点而感到遗憾；不必因为一顿不可口的饭菜而埋怨；不必因为一次评比名落孙山而垂头丧气；不必因为错过一次提拔机会而怨天尤人；不必因为一次失败而放弃你的全部计划。不是每一粒种子都能找到它生长的土壤，不是所有的付出最终都有回报，不是所有的好心都得到好报。

哲理诗人赫塞说过："生命并不是一种计算，它不是一种数学的总合，而是一种奇迹。"真正的光明并非没有黑暗的时刻，只是永不为黑暗所淹没罢了。接受不完美，你才能面对现实，也才能更好地面对生活。不必强求完美，你会少一些抱怨和哀叹，多几份坦然和洒脱，以豁达的心态坦然地走完你的人生之路。不完美才是人生。

2. 无规矩，不成方圆

对一般人来说，法律和其他一切合理的规章制度，都是压力。然而这些压力何等好啊！没有它，社会将会陷入混乱，人类将无法生存。

——季羡林《季羡林谈人生》（论压力）

季羡林先生认为，压力对于人来说有好的，也有坏的；有可有可无的，也有非它不可的。法律和一些合理的制度是一种对人和社会极其有用的压力，无规矩，不成方圆，没有它社会就乱套了。做人也如此，没原则的人是要不得的。然而，物极必反，一味地坚持原则就成了呆板了。

《易经》上说，做事没有原则，或者太坚持原则，两者都不可取。

人如果太固执、太偏执，就是道德与精神的不正。那些一味以为自己坚持原则的人，到头来一个拥护的人也没有，成了孤家寡人。

水流入泽中，过度就会溢出。节制是一种美德。天地因为有了节，才有四时的生成；社会也因为有了节，才有了制度规则。但你一味节制，或者利用这种节制伤害人民，那就不可取了。

中正、原则，而又灵活，这才是人的道德与精神所在，是为人处世的本钱。任何僵硬、死守和贪欲，都是一败涂地的根源。

如何将原则性与灵活性结合起来是一个说来容易做来困难的问题。在处理人际关系问题时要做到“大事讲原则，小事要灵活”。

其实，一件小事如果事关自己的品德、名誉、事业、前途，就是当然的大事。你不必为不能得到别人的尊重而黯然神伤，因为别人如何对待你，恰是你暗示别人可以那样对待你的——你的谦卑与忍让的心理都会一览无余地写在脸上，让人家可以不考虑是否会伤害你。相反，人的独立和尊严，也会以不可忽视的神韵令人敬畏，从而对你不敢胡作非为。

一般来讲，有原则的人行事果断，宽宏大量，给人一种独立、有个性、魅力的感觉。相反，没原则的人，往往表现出斤斤计较、优柔寡断、瞻前顾后，让人感到愚俗而不可靠。

宁缺毋滥是一个原则，非精品不看，非极品不要，坚持这种原则的精神难能可贵，世间确有一些奇人雅士，像海鸥一样，洁白无杂，不落平地，能盘旋高空，刹那间直入水下，只食活鱼。

爱我所爱是一个原则，美丽、可爱、有个性、可心、有感觉、有灵犀、够勇敢，足以让我心动。我必用所有特长、心机去赢得所爱，纵然伤痕累累，也在所不惜。有原则的人，对自己向往的生活和伴侣都有个模式，故会有执著的心和不屈不挠的精神。通往目的地的路是连续的，也许有些弯曲、迂回，但大方向是一直往前的。

原则像一条路，有人沿着修好的路走，有人要走出自己的路。可爱的人不一定需要坚持原则，可敬的人离不开原则。不计较、易妥协、大智若愚的人是可爱吧，但那仅仅是你没有违犯其根本原则；当你的为所欲为让其不高兴时，你会体会到其威严让你敬畏。

做人应该有原则，不要严酷得让人望而生畏，也不要和蔼得让人胆大妄为。

大事有原则，小事要灵活，为人处世，就是不能拘泥形式的，该圆时圆，该方时方，需要有任意形状时，也无不可，这样才能做到圆润通达。

方圆的意思，就是中规中矩，它们是在圆规和矩形板的限制下画成的图形，代表着做人行事的基本规则。但同时，由于世事的千变万化、人的多样面孔，一个人为人处世总要能与外界相适应才成，一个面孔对外，完全的规规矩矩，一成不变，就会拘泥不化，作茧自缚。

孙武呕心沥血，著成《孙子兵法》，然而每次作战却都要脱离兵书，注意权变。赵括用兵，依葫芦画瓢，死守兵法规则，不知融会权变，20万大军战败被活埋。

辩证法认为，任何事物的发展都存在着必然性和偶然性，二者是相互统一的。必然性是本质，构成了事物发展的规律、规则和趋势；而偶然性则是事物发展中某一时空的具体行为，具备千变万化、灵活多样的特性，忽视偶然性的存在也就忽视了事物的个性，世界就会停止。孙武的用兵，能将规则的必然性与战术运用的偶然性灵活地结合起来，因而百战不殆。赵括的用兵则死守规则的必然性，因而只能纸上谈兵，一战而殁。

俗话说："识时务者为俊杰"。所谓"识时务"，即指能够把握事情发展的规则，能够洞察当时的情势，并能据此结合自己所处的境地，采取权变之策，集天时、地利、人和优势，发挥自己的聪明才智，义无反顾地投入到社会发展潮流中开创一个崭新的天地，这样的人，才能称之为俊杰。

规则源于生活，生活的多姿多彩也要求采取规则行事的灵活性。

3. “当时”的不寻常

所谓“当时”者，指人生过去的某一个阶段。处在这个阶段中时，觉得日子也不过如此，是很寻常的。过了十几二十年或者更长的时间，回头一看，当时实在有不寻常者在。

——季羡林《病榻杂记》（当时只道是寻常）

在我们生活当中，很多人都抱怨生活平淡、无聊，口口声声要干一件惊天动地的大事，从而忽略了身边所发生的事，然而等到时过境迁，再回首，往往发现失去的才是最宝贵的。这是季老所说的，“当时”的不寻常。

对于爱情也是一样，有些人身在福中却不能感到幸福，只有等到某一天失去了才追悔莫及，这种感受只有那些经历过的人才会刻骨铭心。

女孩叫帆，长得很漂亮，非常善解人意，偶尔出些坏点子要要男孩。男孩叫林，很聪明，也很懂事，而且幽默感很强，总能在两个人相处中找到可以逗女孩发笑的方式。

女孩很喜欢男孩这种乐天派的心情，他们一直相处得不错，女孩对男孩的感觉，淡淡的，说男孩像自己的亲人。

男孩对女孩的爱甚深，每当吵架的时候，男孩最终都会说是自己不好，自己的错。即使有时候真的不怪他，他也这么说。他不想让女孩生气。就这样过了 5 年，男孩仍然非常爱女孩，像当初一样。

有一个周末，女孩出门办事，男孩本来打算去找女孩，但是一听说她有事，就打消了这个念头。

男孩在家里待了一天，他没有联系女孩，他觉得女孩一直在忙，自己不好去打扰她。

谁知女孩在忙的时候，还想着男孩，可是一天没有接到男孩的消息，她很生气。晚上回家后，她发了条信息给男孩，话说得很重，甚至提到了分手。

当时是晚上12点。男孩心急如焚，打女孩手机，连续打了3次，都给挂断了。打家里的电话也没人接，男孩猜想是女孩把电话线拔了。

男孩抓起衣服就出门了，他要去女孩家。当时是12点25。女孩在12点40的时候又接到了男孩的电话，从手机打来的，她又给挂断了。一夜无话，男孩没有再给女孩打电话。

第二天，女孩接到男孩母亲的电话，电话那边声泪俱下。男孩昨晚出了车祸。警方说是车速过快导致刹车不及，撞到了一辆坏在半路的大货车。救护车到的时候，人已经不行了。

女孩强忍悲痛来到了事故车停车场，她想看看男孩呆过的最后的地方。车已经被撞得完全不成样子。方向盘上，仪表盘上，沾满了男孩的血迹。

男孩的母亲把男孩当时身上的遗物给了女孩，钱包，手表，还有那部沾满了男孩鲜血的手机。

女孩翻开钱包，里面有她的照片，血渍浸透了大半张。当女孩拿起男孩的手表的时候，赫然发现，手表的指针停在了12点35分附近。

在那一瞬间，女孩明白了，男孩在出事后还用最后一丝力气给她打电话，而她自己却因为还在赌气没有接。男孩再也没有力气去拨第二遍电话了，他带着对女孩的无限眷恋和内疚走了。

女孩永远不知道，男孩想和她说的最后一句话是什么。女孩也明白，不会再有人再说什么了……

女孩心痛到哭不出来，可是再后悔也没有用了。她只能从点滴的回忆中来怀念男孩带给她的欢乐和幸福。

痛苦一再抚泪告诫我们，只有今天拥有的才是属于我们的，而未来则只有上帝知晓。千万不要对身边的人或事无动于衷。珍惜自己现在所拥有的，不要在失去以后才知道后悔！

然而，人类却总是这样，热衷去关注别的东西，而不关注人类本身。

世间上最可宝贵的是生命，并且不能重复。而生命本身就是时间，珍惜生命就是珍惜时间。珍惜时间，就是抓住当前。

毛泽东有一句名言：一万年太久，只争朝夕。

抓住当前，这是一个成功的诀窍。但我们要抓住当前什么呢？这是最重要的问题。因为我们往往抓住的都是似是而非的“当前”。

抓“当前”，其实要抓住事物的本质。

但我们日常生活中，有哪些事情，我们抓住了事物的本质呢？

兴修水利，我们首先想到的是红旗和锣鼓，我们抓的是声势和宣传；植树造林，我们首先选择的路段是领导经常走过的，我们抓的是上司的赞扬。我们规划自己的人生，是看别人的脸皮，凡要别人的脸面是笑的，哪怕牙齿被打得掉进了肚子里也觉得值。

我们都是一群半傻的人。本来是抓下巴的，抓到了胡子就以为是下巴了。或者，我们根本不傻，抓下巴比抓胡子要多花力气，我们就干脆抓胡子了，省力，省事。

抓住当前，是人生的实在。

哲人说：因为我干，所以我充实；因为我干，所以我不用仰视。

古人说：临渊羡鱼，不如退而结网。

等，只是空嗟叹！

“抓不住，空悲切，枉白首”，白白错失良机，而遗憾终身。

我们在古今的戏剧与艺术作品当中，可以看到马蹄疾驰，马背上的人气喘吁吁，冲着刑场高喊：“刀下留人！”这是艺术，更是现实。因为现实的这一幕太感人了，所以被艺术定格了。人的生死成败，往往只差之毫厘。前一秒钟是人，后一秒钟是鬼。在生活当中，我们做人办事，有什么理由拖拉、放松不抓紧呢？任何的拖沓，任何的放任，都是对人的生命的亵渎。

是的，时间对于人与事，是有一定期限的，超过了也就是延误了。抓住当前，就不会因为失去了“当时”的不寻常而惆怅、悔恨了。

4. 傲慢与天才

我决不反对一个人对自己本能的爱。应该把这种爱引向正确的方向。如果把它引向自命不凡，引向自命“天才”，引向傲慢，则会损己而不利人。我害怕的就是这样的“天才”。

——季羡林《季羡林谈人生》

（我害怕“天才”）

有人说，刻意地去追求高人一等的境界，只会在你昂起高傲的头颅时，因踢到地面的石子而重重地摔一跤。傲慢并不能显出你身份的尊贵，反倒会将你打入无知的行列中。季老批评的就是这种傲慢的“天才”。

事实上，我们平常所谓的清高、孤傲与怠慢就是一种自私心理，并且这三者通常都是结合在一起的，它们相互作用的结果往往造成孤陋寡闻，其中危害最深的就是傲慢。

中国的传统文化素来鄙视傲慢，崇尚平等待人。一般来说，知识越多，学问越广的人就会越谦虚；文化越低，气量越小的人就会越傲慢。子曰：“知之为知之，不知为不知，是知也。”“三人行，则必有我师焉！”谦逊的态度会使人感到亲切；傲慢的架子会使人感到难堪。

相传，南宋时江西有一名士，傲慢之极，凡人不理。有一次，他提出要与大诗人杨万里会一会。杨万里谦和地表示欢迎，并提出希望他带一点江西的名产配盐幽菽来。

名士见到杨万里后，开口就说：请先生原谅，我读书人实在不知配盐幽菽是什么乡间之物，无法带来。杨万里则不慌不忙从书架上拿下一本《韵略》，翻开当中一页递给名士，只见书上写着“豉，配盐幽菽也”。

原来杨万里让他带的就是家庭日常食用的豆豉啊！此时名士面红耳赤，方恨自己读书太少，后悔自己为人不该傲慢。

那么，如何才能克服自己傲慢的坏毛病呢？以下有两点可供参考：

（1）认识自己

一个傲慢的人要正确认识自己是很不容易的，他要么自以为有知识而清高，要么自以为有本事而自大，要么自以为有钱财而不可一世，要么自以为有权势而压人。殊不知，山外有山，楼外有楼，比你强的人多的是。人最好还是要有自知之明，古今中外成大事业者，都是虚怀若谷，好学不倦，从不傲慢的人。

宋代文学家欧阳修，晚年其文学造诣可说是达到了炉火纯青的地步，但他从不恃才傲物，仍一遍遍修改自己的文章。他的夫人怕他累坏了身体，劝他说：“何必这样自讨苦吃？又不是小学生，难道还怕先生生气吗？”欧阳修回答说：“不是怕先生生气，而是怕后生笑话！”可见，虚心自知，才是医治傲慢的一剂良方。

（2）平等待人

平等待人不仅是文明礼貌的行为，也是人品修养的天平。平等待人是针对傲慢无理而言的。它要求人们在社会交往中，不管彼此之间的社会地位和生活条件有多大的差别，都一视同仁，待人要切忌“势利眼”。古人说“不谄上而慢下，不厌故而敬新”，就是告诉我们待人时不应用卑贱的态度去巴结逢迎有权势、有钱财的人，而怠慢经济条件较差，社会地位不高的人。人本无高低贵贱之分，每个人都有自己的人格，人格作为人的一种意识和心理深深地附着在人的身上，并时时加以维护。人格的基本要求是不受歧视，不被侮辱，即要求平等。

如果你不愿遭到别人的反感、疏远，那你就切勿傲慢和过分强调自我。如果人人都注意加强品德修养，人人都谨防傲慢，那将会使我们的人际关系更加和谐，使我们生活得更加幸福和愉快。

在单位里，越是才华出众的下级，越是应该慎重地处理同领导的关系。就好比越是长得高大的树木，越是应该埋下头来，才不至于被风吹折。恃才傲上，目无领导，最终吃亏的只能是自己，这对自己的成长无疑是极为不利的。

恃才傲上者，不尊重领导，不认真对待工作，不会善待自己的才能，往往与领导的关系十分紧张。

因为恃才傲上者，喜欢挑领导的毛病。他们是看不起领导的，也绝对不会与之合作。这样，上下级关系就很难得到正常的发展。领导往往会因其故意损害自己的威信，不但本人不努力还故意泄大家的气而感到不满，做得公道点儿，便以纪律要求他，做得稍过点儿，便是处处给他穿小鞋。这种人，无论走到哪里，都是不会讨人家欢喜，受到领导欢迎的。

恃才傲上者，往往看不起领导的能力，对其命令更是百般挑剔，不愿用心去落实，敷衍了事。这种人存在于组织中，势必涣散人心，瓦解斗志，为领导所不容。加之其过分聪明，看事清楚又多爱卖弄，领导也是不愿亲近他的，更不会把重要的任务交给他去完成。这样的人，由于很难与领导融洽相处，因此很难作出什么业绩来，最后往往陷入清谈，甚至不受同事们的欢迎。所以，人固有才，却难得重任，最后只能是碌碌无为，没有发展。

恃才傲上者，往往把精力用在挑剔上级的毛病，卖弄自己的才学上，不愿意认真做事，结果使自己真正的才华也得不到发挥。渐渐地敬业爱业之心日益减少，用于“内斗”之心增多，个人才华逐渐生疏、埋没，日久，便成为无所用心的庸人。这与其说是“损人不利己”，倒不如说是“损人害己”。

据对400名干部的一项调查表明，有30.5%的下级，其智力和才干超过他的上级领导。在这种情况下，特别容易产生下属看不起上级的现象。如果下属不从思想和实际行动上解决这种问题，势必造成轻慢领导，不服从上级领导的现象，使上下级关系变得十分紧张。

怎样解决这个问题呢？

首先，你应该承认与领导之间存在着差异，你不仅要看到自己的优点，也要看到上级的长处。上、下级之间有着分工的不同、职责的不同，可能下级在某一方面比较强，但却不具备统御全局的能力。因此，下级一定要以公允之心多看看领导的长处。

记得一位科技工作者曾经说过："我原先总是报怨自己的上级是个外行，什么也不懂，却来领导我们这些精通专业的人。现在我想通了，许多事情咱的确干不了。领导的工作绝不是一个简单事，靠专业知识是解决不了的。现在我对领导很服气，我得把精力全都用在科研上，出点儿大成绩。"

在我们生活中的确存在着这种情况，即有些专业人员被提拔起来后，结果碌碌无为，不仅工作没干好，自己的专业也荒废了。这说明，智力再高，也不一定适合做领导。

其次，一个下级一旦投身组织，就应该服从上级的指挥与领导，建议可以提，但绝对要对已决定的事负起执行的义务。层级制也许不是最好的，但却是目前人类最有用的组织形成，是保证效率的根本。下级应该有此觉悟，自觉服从领导的指挥。

再次，确有才华的下级更应谦虚谨慎。越是谦虚，就越能得到别人的尊重，得到上级的欣赏。在中国这种文化氛围里，表示谦虚以取得一种融洽的人际关系，这是一种十分有用的处世哲学。下级一定要事事谦逊，处处维护领导的尊严和权威，才会得到领导的信任，把你的才干发挥出来，干出一番业绩。

最后，作为下级应积极主动地与领导进行沟通，坦诚地交流意见，通过帮助领导改进工作来赢得领导的信赖，并使领导逐渐了解自己的才能。

5. 不要成为行动的侏儒

如果你考虑正面，又考虑反面之后，再回头来考虑正面，又再考虑反面，那么，如此循环往复，终无宁日，最终成为考虑的巨人，行动的侏儒。

——季羡林《季羡林谈人生》

（三思而行）

季老认为，做事情三思而行是必要的，但也该有个适可而止，一味地思考，而不采取相应的行动，就会成为思考的巨人，行动的侏儒。

行动是成大事者敲开成功之门有力的手段，或者说，只坐在那儿想打开人生局面，无异于痴人说梦，只有靠自己的双手行动起来，才能有成功的可能性。

生活中常有人做事计划来计划去，总觉得构想不完美，时机不成熟，结果一拖再拖，万事皆蹉跎。其实，再好的构想也会有缺陷，即使是很普通的计划，如果确定执行并且努力做好，都比没有开始好得多，局面要靠行动来打开，坐等机会成熟，很可能永远也等不到。

香港超级富豪，被称为“钟表大王”的杨受成就是一个靠积极的行动打开局面获得巨大成功的典型。

20 世纪 50 年代初，杨父在香港做钟表批发生意，他把钟表带到日本销售，生意刚刚有点起色，却被骗子骗去了钱财，几乎弄到倾家荡产的地步。

债主每日临门，辱骂杨父没信用，借钱不还，那种情形，使杨受成感触特深。小小年纪的杨受成每天都在琢磨怎样才能帮助父亲赚大钱，以摆脱窘境。

长到十四五岁时，那时杨父在九龙窝打老道及弥敦道交界处开了个天文台表行。他就利用下午半天时间去铺面为父亲做帮手。由于他绞尽脑汁寻找赚钱之道，学习成绩急剧下滑，每次考试他都倒数第一，甚至连毕业证书也拿不到手。

他虽然不是读书的料，但赚钱方面头脑却很灵活。

杨受成摸索出一个规律，游客的消费力最强，与游客做买卖利润最大。

他大胆地设想，与其在店里守株待兔似的做买卖，不如走出去寻找顾客。于是，他开始到码头带领一些澳洲游客返回天文台表行买表。

首次主动出击寻找游客就获得了成功，这鼓起了他更大的勇气。

他又到机场设法和一些导游取得联系，许予优惠，又采取给介绍客人的酒店司机、裁缝师傅以回扣的方法，这些办法个个奏效，更多的游客找上门来做买卖，营业额直线上升。

事业的顺利，激起他更大更强烈的欲望，也给了他新的机会，他干脆跑到日本和当地旅行社联系，让他们安排游客到表店购物，此举又获成功。

“主动找顾客”这一决策包含着杨受成的聪明才智，包含着他的勤奋努力，也包含着他直面人生英勇拼搏的精神。主动找顾客，使小小的杨家钟表店赚到了第一个 100 万。

机会总是偏袒于那些敢闯敢拼的人。20 世纪 60 年代，香港大多数表店对欧米茄、劳力士等名牌表的分销权只有观望的份。杨家表店财小力微，更是连边都挨不上。杨受成却不信邪，他以初生牛犊不怕虎的劲头，找到欧米茄表香港地区代理商——安天时洋行的瑞士籍犹太商人，要求老板给他欧米茄表的分销权。

犹太商人看着眼前这个20多岁的小伙子一副雄心勃勃的劲头，实在不忍心给他的满腔热情泼一盆凉水，于是就婉转地告诉他，要取得欧米茄表的分销权绝无可能，但将来也许可以考虑给他欧米茄副厂天梭表的分销权。

这本是犹太商人的一句搪塞话，杨受成却信以为真，他一个月总要抽出几天时间去拜会犹太商，探问天梭表的代表权何时可落实。正所谓“精诚所至，金石为开”，犹太商人为他的诚意所感动，终于同意了他的请求。

争取到天梭表的代理商权，成为杨受成一生事业的转折点。由于杨家钟表店具有广泛的客路，每月销量十分可观，给犹太商人留下了很深的印象。那时，劳力士与欧米茄表在市场上竞争非常激烈，他趁热打铁再一次主动出击争取欧米茄表的分销权。

他向犹太商人建议，由他开一间钟表珠宝专卖店，专卖欧米茄表。犹太商人被这个有胆有识、能力超群的小伙子的一番言辞所打动，答应他如果找到铺位，一定予以考虑。

杨受成是个雷厉风行、说干就干的人，他在父亲的担保下，向银行借了20万元，在天文台表行的对面开设了欧米茄表的分店，这是多么大的气派！

表业同行都向他投来羡慕的眼光。由于他客源广又经营得法，信誉随着财富的增加而不断增强。

1969年，他轻而易举地取得了劳力士分厂子陀（现称帝陀）表的分销权。

由于月销售量看好，1970年他又顺利地取得了劳力士的分销权，从此奠定了杨受成在钟表业稳执牛耳的地位。

1973年2月，杨受成把英皇钟表、珠宝及若干物业以好世界的名义投资上市，31岁的杨受成任董事长总经理。

获得公众资金的支持后，杨受成更加如虎添翼，积极地向地产业进军，又进一步扩充钟表珠宝业务。

1976年、1977年，杨受成进军证券业，并大量购置物业，真是要风得风，要雨得雨，那时，他拥有地盘25个，在大屿山也有数百万尺土地，准备兴建大型度假村。正当他事业如日中天之时，却没想到飞来一场横祸：在技师安东尼被控殴打韦建邦一案中，因妨碍司法公正，他被判入狱。

也是他命中该有一劫，他出狱时，正赶上地产危机，地产价格一落千丈，致使他欠债高达3.2亿元，真是祸不单行。经此政治和经济的双重打击，杨受成破产了，经过千辛万苦置办的物业改为他姓，苦苦积攒的资产付之东流了，他的产业由汇丰接管。

所幸杨受成虽经此深重打击，他的精神却没有垮。

汇丰钦佩他的才干，以月薪金2万元聘请他，让他继续经营英皇钟表，所得利润用以还债。

1984年，杨氏说服汇丰再借1000万元，开设“宝石城”，零售及制造首饰以吸引游客。杨受成重操旧业，再一次奔走于码头、旅行社等地，建立起拉拢游客的网络。凭着杨受成的口才和毅力，可以说世上没有办不成的事。短短一年时间，“宝石城”就稳执日本游客珠宝零售市场的牛耳，仅用3年，杨受成就还清了债款，购回了资产控制权。

杨氏取回事业控制权后，又大量购入股票及物业，多次炒股均得手，1989年他又买入金门大厦地下仓库，半年内即获利7000万元。

从此，他的事业再次腾飞了。如今，他已重新跻身于超级富豪之列。

事实上，一个实际行动比一打纲领还要重要。成功是靠行动而不是靠梦想来实现的。当我们备好行囊，准备向目标进发时，下一个关键就是——开始行动。

有一句家喻户晓的俗语几乎可以成为很多人的格言警句，那就是：“任何时候都可以做的事情往往永远不会有时间去做”。

与其费尽心思地把今天可以完成的任务千方百计地拖到明天，还不如用这些精力把事情做完。而任务拖得越久就越难以完成，做事的态度就越勉强。在心情愉快或热情高涨时可以完成的事情，被推迟几天或几个星期后，就会变成苦不堪言的负担。比如，收到信件时没有马上回复，以后再拣起来回信就不那么容易了。许多大公司都有这样的制度：所有信件都必须当天回复。

当机立断地去行动，常常可以避免做事情的乏味和无趣。拖延则通常意味着逃避，其结果往往就是不了了之。做事情就像春天播种一样，如果没有在适当的季节行动，以后就没有合适的时机了。无论夏天有多长，也无法使春天被耽搁的事情得以完成。某颗星的运转即使仅仅晚了一秒，它也会使整个宇宙陷入混乱，后果不可收拾。

6. 不要做“好好先生”

好多年来，我曾有过一个“良好”的愿望：我对每个人都好，也希望每个人对我都好。只望有誉，不能有毁。最近我恍然大悟，那就是根本不可能的。如果真有一个人，人人都说他好，这个人很可能是一个极端圆滑的人，圆滑到琉璃球又能长只脚的程度。

——季羡林《季羡林谈人生》

（毁誉）

有这么一则寓言。

一天，父子俩赶着一头驴进城，子在前，父在后，半路上有人笑他们：“真笨，有驴子竟然不骑！”

父亲觉得有理，便叫儿子骑上驴，自己跟着走。走了不久，又有人说：“真是不孝的儿子，竟然让自己的父亲走路！”

父亲赶忙叫儿子下来，自己骑上驴背。走了一会，又有人说：“真是狠心的父亲，自己骑驴，让孩子走路，不怕把孩子累死？”

父亲连忙叫儿子也骑上驴背，这下子总该没人有意见了吧！谁知又有人说：“两个人骑在驴背上，不怕把那瘦驴压死？”

父子俩赶快溜下驴背，把驴子四只脚绑起来，一前一后用棍子扛着。经过一座桥时，驴子因为不舒服，挣扎了一下，结果掉到河里淹死了！

很多人做人做事就像上述故事中所讲的父亲，人家叫他怎么做，他就怎么做。谁抗议，就听谁的！结果呢？大家都有意见，最终大家都不满意。

一般来说，这种所谓“好好先生”都抱有以下几种心理：

（1）不想得罪任何人，甚至想讨好每一个人，至于是非对错，不管啦！

（2）本身就是没有主见之人，无法分辨是非对错，所以谁说得有理，就听谁的。

不管是什么样的心理，但你要知道一点：想面面俱到，不得罪任何人，又想讨好每一个人，那是绝对不可能的！因为在做人方面，你不可能顾及到每一个人的面子和利益，你认为顾到了，别人却不一定这么认为，甚至根本不领情也有可能；在做事方面，你也不可能顾到每一个人的立场，每个人的主观感受和需要都不同，你要让每个人满意，事实上，就会有人不满意！最后的结果只有两个：

（1）为了面面俱到，反而把自己累死。因为你总是怕对方不满意，还得小心察言观色，揣摩他的心思，这多辛苦啊！恐怕非神经衰弱不可了。

（2）别人摸透了你想面面俱到的弱点，便会软土深掘，得寸进尺地索求。因为他们知道你不会生气，于是你就变成人人看不起，给人好处别人还不感谢的天下超级大笨瓜！

那么应该怎么才能让大家尽量满意呢？

做你该做的！也就是说，你认为对的，你就不受动摇地去做，参考别人意见时要看意见本身，而不是看别人的脸色。这么做有时确实会让一些人不高兴，但如果你不受动摇，就可赢得这些人事后的尊敬，毕竟人还是服从公理的，除非你的坚持纯是为了私心！

这么做，会有人称赞你，也会有人骂你，但如果你想面面俱到，恐怕结果是——每个人都嘲笑你！

在人际交往圈中，我们每个人都喜欢好人，欢迎好人，期望遇到好人，也想让自己成为好人！因为好人不具侵略性，不会伤害别人，甚至有时还会为了别人的利益而让自己吃亏！这种好人岂止用一个“好”字形容，简直可以说是一种伟大的人性。做好人是一个人的性格决定的，想不做都不行，而做好人也有其人际关系上的价值，做好人是值得称道的，但是有一点我们要引以为戒：不可滥充好人！

所谓滥充好人，至少有以下特点：没有原则、没有主见的好人。这种人不知是性格因素，还是有意以好人的姿态去讨别人欢喜，反正是对他人有求必应，也不管自己该不该去做；有时候，他也想坚持，可是别人声音一大，马上就软下来；因为缺乏原则与坚持，导致是非难分，当事情不能妥善解决的时候，便以牺牲自己来成全大家；他有时也想坏一点，可是还不到坏的程度他就开始自责，检讨自己……

这种滥充的好人就像我们平时所说的“好好先生”一样，其得到的效应和真正的好人是不同的。好人是有原则的，所以当他人颂赞好人时，往往带着几分敬畏。但滥充的好人则不然，他在人际关系中，往往得到的是“不能担此大任”的评语，而且别人因为深知他的弱点，甚至会算计他、陷害他，随欲索求，反正他不会反抗，不会拒绝！于是所有人都从他那儿得到了好处，唯独这个滥充的好人一点好处都没有！

照此看来，滥充好人实在不宜，那么怎样才能判断自己真正是个好人，还是在滥充好人呢？那些滥充好人者应该怎么办？

前面说过，一个人的性格决定了自己的行为，因此，滥充好人者可以从以下心理方面试着改变自己：

（1）了解自己滥充好人的苦果。

（2）了解拒绝和坚持并不一定会得罪别人，而且还能保护自己。

（3）学会拒绝和坚持。

（4）如果自己跳脱不出性格的限制，可请旁人不时暗示你、鼓励你，以强化你不滥充好人的动机和决心。

既然如此，当你下次面临他人的求助时，当你又再次施舍自己的仁善友爱之时，请考虑一下，你是否真正是一个好人。

还有的人则是缺乏自信，担心拒绝别人好像就表示自己太懒惰，太不通情理，会遭受责骂。他们害怕别人的权威，为了博取好感，维持与别人的关系，即使是无理的要求，也只得点头说“好”。

心理专家指出，比较起来，女性似乎比男性更容易成为寄生依赖者。因为女性从小就被教导要“服从”、“听话”、“温顺”，当别人有所要求时，“拒绝”是一种不礼貌的行为。因此，很多女性成长以后，周旋在丈夫、儿女、公婆、老板之中，她们极力扮演好各种角色，处处讨好别人，一旦她们发现自己力不从心，就会陷入极度沮丧的情绪中。

事实上，我们常常过度在乎自己对别人的重要性。就好像我们常常听到调侃别人的一句话：“没有你，地球照样在转动。”这句话的意思是说，没有什么人是不能被取代的。如果你把每一件事都看成是你的责任，妄想完成每一件事，这根本是在自找苦吃。你真正该尽的责任是对你自己负责，而不是对别人负责。你首先应该认清自己的需求，重新排列价值观的优先顺序，确定究竟哪些对你才是真正重要的。把自己摆在第一位，这绝不是自私，而是表明你对自己道德意识的认同。

你虽然赞成这种说法，可是你觉得还是有些为难，你不知道该如何开口说“不”。真有那么困难吗？其实那是我们天生的本能。心理学家说，人类所学的第一个抽象概念就是用“摇头”来说“不”，譬如，一岁多的幼儿就会用摇头来拒绝大人的要求或者命令，这个象征性的动作，就是“自我”概念的起步。

“不”固然代表“拒绝”，但也代表“选择”，一个人要通过不断的选择来形成自我，界定自己。因此，当你说“不”的时候，就等于说“是”，你“是”一个不想成为什么样子的人。

勇敢说“不”，这并不一定会替你带来麻烦，反而是替你减轻压力。如果你现在不愿说“不”，继续积压你的不快，有一天忍耐到了极限，你失控地大吼“不”，面对难以收拾的残局，别人可能会反过头来不谅解地问你：“你为什么不早说?”

如果你想活得自在一点，有时候，你可以勇敢地站出来说“不”。记住，你不必内疚，因为那是你的基本权利。

7. 恐惧心理辩证法

我认为，应当恐惧而恐惧者是正常的。应当恐惧而不恐惧者是英雄。我们平常所说的从容镇定，处变不惊，就是指的这个。不应当恐惧而恐惧者是孱头。不应当恐惧而不恐惧者也是正常的。

——季羡林《季羡林谈人生》（论恐惧）

季老认为，正常的恐惧心理有利于提高我们自我保护的意识，而病态的恐惧心理会使人整天生活在无尽的恐惧中，从而丧失战胜困难的勇气。如果有病态恐惧这种坏毛病，必将使你止步不前，终遭失利。

关于正常的恐惧和病态的恐惧二者之间的区别，弗洛伊德给出了一个绝妙的解释：一个人置身于非洲丛林，看见蛇会感到恐惧，这是很正常的事，这种恐惧感有利于保护自己；但如果一个人居住在房间里也感到恐惧，以为在他的房间里有一条蛇正藏在地毯下面。那么，我们可以说这种恐惧就是病态的、不正常的。弗洛伊德的理论对理解人类的心理是极有帮助的，这种理论可以用来考察我们一般人的恐惧心理。

我们很多人的恐惧就是像上面说的那样产生的。让我们仔细研究一下我们对自身状况的许多焦虑，它们就像弗洛伊德所说的地毯下的蛇一样，是人幻想出来的。有时候我们会担心自己的健康，怀疑自己患上了什么重病，为此深感焦虑和不安。我们担心自己的心脏、血压、肺部是不是出了什么问题，害怕失眠。如果有一点很轻微的症状，我们就开始摸自己的脉搏，力图寻找证据来证明自己生了什么大病。我们不是为自己的身体健康焦虑，就是为自己的性格担心。

我们缺乏自信，犹豫不决，因为失败而唉声叹气。我们觉得自己低人一等，认为别人的见解远比自己高明，自己只不过是他们的嘲笑对象罢了。这样的话，我们的精神世界就会变得黑暗，没有光明，没有温暖。我们感觉不到别人对我们的赏识，感觉不到友情和爱情的美丽，感觉不到家庭生活的欢乐。我们对自身感到不安，为自己可能的失败和潜在的危险而焦虑，这种不安和焦虑常常会改头换面以其他形式表现出来。

我们身边最亲近的人，如孩子、丈夫、兄弟、姐妹，他们是我们生命的一种延续。为最亲近的人忧虑，是一种对自身忧虑的替代和转移，替代了我们对自身的忧虑。很多母亲会为女儿的道德操守而担心，这只不过是一种假象。实际上，这位母亲潜意识里对自身的道德深感疑虑，烦恼不已，不过想寻找某种替换而已。我们常常听到商人抱怨税收太重，攻击政府。那些人认为，这些外在的、毫不相干的事件导致了自己沮丧忧郁的心境，但实际上，他们焦虑的真正根源仍潜藏在他们自己的内心深处。

“世上本无事，庸人自扰之”。很多人过着忧郁不安的生活，有时候独自一人会感到非常恐惧；有时候却远远地避开人群，害怕进入他们的圈子；有时候一想到失去别人的爱和尊重，会战栗不已，害怕遭到别人的轻视和抛弃。这其实是没有必要的。许多事确实是人自己找出来的，只要自己胸怀坦荡，百川能容，周围的世界也就会天高云淡，风和日丽。

如果女人害怕爱，感情就会枯萎，她就会变得像一尊冷漠的大理石像一样；男人害怕成功，便会过着醉生梦死的生活，会耗费自己的青春。卡尔·蒙尼格在他的名著《反对自己的人》中写道：现代人陷入一种群体性的恐惧，仿佛害怕自己变得成熟，害怕自己取得成就。灵魂承受着恐惧和负罪感的折磨，就是为了让自己失败！

有时候，恐惧感会引起肉体上的痛苦，我们便会用肉体上的痛苦来掩藏内心的恐惧。这一点，常人难以察觉。研究身心关系的医学表明，全部疾病，从普通的感冒到关节炎，通常是由人们深层的恐惧心理造成的。事实上，艺术家和小说家早就看出了这一点。

托马斯·曼在他的巨著《魔山》里描写了很多这样的例子。他们过于敏感，非常恐惧，借着与肺结核病作斗争来逃避现实中的奋斗。当然，与现实生活中需要勇气的战斗、抗争和挣扎相比，生病自然要容易得多。我们现在明白了，有些慢性病患者实际上是害怕现实中的抗争和奋斗，潜意识中想让自己生病，在疾病中可以寻求到安慰和舒适。疾病对于他们来说，只不过是个巧妙的借口罢了。

可见，过多的恐惧如同过高的要求，都是非常可笑的，任何时候踏踏实实地走自己的路都是最重要的。

具有病态恐惧心理的人做起事来往往优柔寡断。

遇事优柔寡断，拿不定主意，这是做事之大忌。有人上街要买台彩色电视机，由于价钱较高，又都不是名牌，往往反复比较，反复动摇，结果跑了许多家商店，去了许多次，就是决定不下来。心理学家认为，人在做事时所表现的这种拿不定主意、优柔寡断的心理现象是意志薄弱的表现。

为什么有些人做事易反反复复、优柔寡断？这主要是因为：

（1）心理学认为，对问题的本质缺乏清晰的认识是使人做事拿不定主意，并产生心理冲突的原因。只要留心观察，就不难发现优柔寡断多发生在青年人身上，这是因为青年人涉世未深，对一些事物缺乏必要的知识和经验的缘故。

（2）这种人从小就在备受溺爱的家庭环境中长大，过着“衣来伸手，饭来张口”的现成生活，父母、兄弟姐妹是其拐杖。这种人一旦独自走上社会，做事易出现优柔寡断现象。

（3）俗话说：“一朝被蛇咬，十年怕井绳。”一旦遇到类似的情境，便产生消极的条件反射，踌躇不已。

（4）一般说来，优柔寡断者大都具有如下性格特征：缺乏自信，感情脆弱，易受暗示，在集体中随大流，过分小心谨慎等等。

那么，怎样克服这种做事拿不定主意、优柔寡断的毛病呢？

（1）培养自信、自主、自强、自立的勇气和信心，培养自己性格、意志独立的良好品质。

（2）心理学认为，人的决策水平与其所具有的知识经验有很大的关系。一个人的知识经验越丰富，其决策水平就越高；反之则越低。这也就是俗话所说的“有胆有识，有识有胆”。

（3）“凡事预则立，不预则废”。平时经常开动脑筋、勤学多思是关键时刻有主见的前提和基础。

（4）排除外界干扰和暗示，稳定情绪，由此及彼、由表及里仔细分析，亦有助于培养果断的意志。

每当面临一个新的机会，在斟酌得失之间，犹豫便会在你的内心里悄然出现，阻挠你制胜的决心。这虽然是每个人都有的心理变化，但若不趁早加以克服，便将慢慢累积扩大，当它爬满你的心，且进而侵蚀你的骨髓时，就难以救治。如果你正保持着维持现状的观念，即应早日医治，阻止病菌继续蔓延，并从而将残留在体内的病源完全根除，以免到头来后悔不已！

凡世间众人皆有犹豫，但并非所有情况都会在同时发生，它甚至根本就不会发生，因为犹豫是来自自己的想象，只要有坚强的意志力便能将之克服。若能了解这些，接下来的就只有如何去克服问题。

至于消除犹豫的方法，只有从正面迎击，别无他法。因为犹豫一旦被姑息，便会常留在你的身边，把机会从你身旁逼走。因此，为能获得机会，就必须先消除犹豫。完成这个步骤，接下来忙不完的工作会迎面而来，多得使你不得不从中选择机会，会让你没有时间去考虑害怕的问题。

请牢记，对自己绝不可放纵，你应正视自己的问题，从正面去尝试解决。譬如你害怕在大庭广众前发表意见，就应在大庭广众前与人交谈；如果你为了加薪问题想找上司谈判，但因心生胆怯，事情一拖再拖，一直无法获得解决。建议你不妨一鼓作气走到上司面前，开门见山地要求加薪，相信结果一定比你想象的还好。

如果你现在心里有尚未完成而需要完成的事，在你做事时就要用“心计”，一刻也不要拖延，赶快开始行动吧！

8. 不要自作聪明

天下有没有傻瓜？有的，但却不是被别人称作“傻瓜”的人，而是认为别人是傻瓜的人，这样的人自己才是天下最大的傻瓜。

——季羡林《季羡林谈人生》

（傻瓜）

人世间有很多自作聪明的人，他们往往自以为是，认为老子天下第一，别人都是傻瓜加笨蛋，季羡林先生一针见血地指出：这样的人才是天下最大的傻瓜。

有一则讲愚人与聪明人的故事：

城之南，有愚泉，饮之则愚。

聪明人想：假如将愚泉引入城，全城的人喝了愚水都变成了傻子，我岂不就可以独霸这座城了吗?

于是，他偷偷地将愚泉引入护城河，自己却凿井而饮。

果不其然，几天后城里人都变得傻里傻气了。愚人们争相将自己的田产屋舍送给他人，其他人也都是愚人，故推辞不受。只有聪明人来者不拒，城里的土地房屋尽归于聪明人的门下。这些愚人又将自己的珠宝首饰等珍贵物品随便乱丢，聪明人全都拾回来，不多久，就成了一个大富翁。

城里人觉得奇怪：田产、珠宝，都是粪土不如的脏东西，我们都弃之不要，这人却宝贝似的捡回来，可见这人真是愚蠢之极。城里有如此愚人，是大家共同的耻辱，应把他赶走。

于是，城里人携带棍棒，围着聪明人的住宅，身高力大的冲进屋里去，将他绑了出来，城里人历数聪明人愚蠢的事例，欲将他赶出城外。

聪明人叹道：我本想使众人愚蠢，没想到众人反将我看成愚蠢之人，真是搬起石头砸自己的脚，天下没有比我更愚蠢的人了，还有何脸面呆在这个世界上呢？聪明人投护城河而亡。

有些自以为聪明的人，专以算计别人为能事，结果总是会算计到自己头上。一个事事精明的人，不会有几个朋友。这就是聪明反被聪明误。

无论做什么事，都不能要小聪明。过分地玩弄心计、过分卖弄自己聪明的人，反而被聪明误，引火烧身，招灾引祸。“赔了夫人又折兵”的典故，出自《三国演义》，讽喻的就是那些设计整人整不到，反而贴了老本的人。

周瑜是安徽庐江人，与孙权的哥哥孙策同年，交情甚密，结为昆仲。周瑜人长得漂亮，资质风流，仪容秀丽，才学也无人可比。在曹操屯兵百万虎视长江沿岸的形势下，东吴议降者甚众，军心涣散，如非力排众议主张抗敌的周公瑾，东吴早归属曹操了。然而，他要小聪明想用美人计囚禁刘备来换取荆州，却成了千古笑料。

却说刘备没了甘夫人，周瑜知道了这个消息，心生一计，要孙权的妹妹嫁与刘备，让刘备来入赘，然后把刘备幽囚在狱中，却使人去讨荆州换刘备。不想诸葛亮听到消息，猜定是周瑜的计谋，遂让刘备应允，并让赵子龙保护刘备，临行前授予三个锦囊，内藏三条妙计。

东吴那边，孙权之母听得消息，见了刘备一表人才，却真心实意要把女儿许配与他。周瑜和孙权不想此事弄假成真，又不敢公开囚禁和杀害刘备。刘备劝说娘子去荆州，娘子应允，于是，二人商定去江边祭祖，乘机逃离东吴。

周瑜派兵追赶，却被娘子挡了回去。正当周瑜准备孤注一掷时，却见诸葛亮早在岸边等候，刘备等已登了船，往荆州而去。刘备的兵望着急急追来的吴兵，大叫“周郎妙计安天下，赔了夫人又折兵!”

周瑜自恃胜券在握，不想遇到了诸葛亮。这“赔了夫人又折兵”，实际上正是周瑜聪明反被聪明误的结果。俗语说：“偷鸡不成反蚀把米”，也正是说明要小聪明不但得不到最终结果，还要做赔本生意，落人耻笑。

其实，聪明是一笔财富，关键在于怎么使用。财富可以使人过得很好，也可能毁掉人。真正聪明的人会使用自己的聪明，他们平时深藏不露，不到火候不轻易使用，貌似浑厚，不让别人眼红。要小聪明往往是招灾引祸的根源。

喜欢算计人的小人，无不以为自己聪明、妙算，但因为用心险恶，都维持不了长久。既要整人，又不便明言，这就注定了败局。设的计见不了人，是奸计；奸计不得人心，天人共愤，自己虽精心谋划，却未免心虚。有一丝透露，就心惊肉跳。且再秘密的事，也没有不透风的墙，别人一旦知道了，也就“夫人”赔了，“兵”也折了。一个时时处处事事显露精明的人，不会取得别人的信任、同情和爱护、栽培，因此也不会取得真正的、巨大的成功。

人人都渴望聪明，但聪明过了头，则适得其反。假如你能把握好糊涂与聪明的界线，则可能大不一样了。超凡的才华加上非凡的承担责任的勇气换来的不一定就是成功！人生如戏，演绎着幻化无穷的各种偶然情况，稍有懈怠就会有闪失，因此必须学会在愚笨与聪明之间划清楚只有自己知晓的界线。

纪晓岚是个智者，而且他是个“愚笨”的智者，他的智慧帮助他渡过了许多劫难，直到晚年，机智仍与他相伴。

嘉庆七年，纪晓岚这位已79岁高龄的老臣再次出任会试考官。在此之前，他已两次充任会试正考官，两次乡试主考官，还曾被任命为武科会试正考官。每次主考，他都谨慎从事，严防出错。在这次主考阅卷中，他还感慨地写下诗句，好像是表示自己要慎重取人。可总是天不遂人愿，偏偏在他最后的一次主考、特别谨慎从事的时候，却出了一点不大不小的麻烦。

原来，会试后不久，按照规定的程序，经过斟酌，确定了前几名的名单和次序，并对试卷加有详细评语。当时尚未发榜，属绝密信息。谁知这些情况都一一透露了出去。举子之中，连纪晓岚的评语也一清二楚。这下可捅了大娄子。

举子们免不了议论纷纷："试卷诗未等题榜，怎么漏了出来？"

"前几名莫非有考官的亲戚？"有人推测说。

"说不定啊，钱能通神，营私舞弊者多矣！"又有人附和道。这些话传到纪晓岚耳朵里，他觉得此事非同小可。按照当时科举纪律，泄密之人不仅丢官、蹲监狱，甚至还要杀头，有关人员也要牵连进去，正考官和副考官负全责，自然脱不了干系。历史上这样的例子着实不少，牵连之广，处罚之严厉，可谓触目惊心。此次科场风波如不妥善处理，势必将引发一场灾难。

考虑到此，纪晓岚把另一名正考官左都御史熊枚和副考官内阁学士王玉麟、戴均元找来，商讨此事。

熊枚说道："被取之人与诸考官并无任何关联，系秉公取录。即使有私情，也只有保密，绝不会泄密的。"

"泄漏此事看不出目的，可能事出偶然。"戴均元感到有些迷惑不解。

纪晓岚也觉得此事奇怪，泄漏此事无非把水搅浑而已，对大家都没有好处，可能是无意中出错。他反复权衡，最后决定把事情揽在自己头上。于是他坦然地对他们说道："此事待我去面见圣上。"

嘉庆帝这时早已得到禀报，虽然很恼火，但也不明白为何会出现这样的事。他下令追查，又把纪晓岚招来问话："老爱卿，此事系何人所为？"

"启禀圣上，臣即是泄漏之人。"纪晓岚慢条斯理地说。

"你——！"嘉庆皇帝听后很吃惊。他知道纪晓岚向来办事谨慎，这种事决不会出在他身上，可能另有隐情，于是接着问道：“卿又何故泄漏呢?”

只见纪晓岚非常平静地说道：“为臣书生意气，每有佳作，反复吟咏，难免在朋友谈论中漏出几句。此事实出无意，如圣上动怒，纪晓岚甘愿领罪。唯求圣上开恩，不要株连他人。”

嘉庆皇帝自然明白纪晓岚的用意无非是要消解此事。现见事情也仅仅是偶然出错，也就怒气消了一半，于是下令撤回追查此案的大臣。一场将要掀起的大风波，就在纪晓岚巧妙周旋下得到平息。那些参与此科会试的大小官员个个感谢纪晓岚，至于那真正泄密的人，虽不敢明言，他的感激更是至诚至深的。

做人必须在愚笨与聪明之间划清界限，不能盲目越出，既要让对方明白己意，还要让对方能接受。这就是一门学问。